钢铁企业自备电厂机组配置
优化、煤气系统优化调度

孟 华◎著

西南交通大学出版社

·成　都·

图书在版编目（ＣＩＰ）数据

钢铁企业自备电厂机组配置优化、煤气系统优化调度／
孟华著. —成都：西南交通大学出版社，2019.1
ISBN 978-7-5643-6554-7

Ⅰ.①钢… Ⅱ.①孟… Ⅲ.①钢铁企业－发电厂－发
电机组－优化配置②钢铁企业－发电厂－煤气－调度－系
统优化 Ⅳ.①TM621

中国版本图书馆 CIP 数据核字（2018）第 245791 号

钢铁企业自备电厂机组配置优化、煤气系统优化调度	孟 华 著	责任编辑 李芳芳
		特邀编辑 李 娟
		封面设计 何东琳设计工作室

印张 8 字数 175千	出版发行 西南交通大学出版社
成品尺寸 170 mm×230 mm	网址 http://www.xnjdcbs.com
版次 2019年1月第1版	地址 四川省成都市二环路北一段111号
印次 2019年1月第1次	西南交通大学创新大厦21楼
印刷 四川森林印务有限责任公司	邮政编码 610031
书号 ISBN 978-7-5643-6554-7	发行部电话 028-87600564 028-87600533
	定价 45.00元

前　言
PREFACE

　　煤气是钢铁企业重要的二次能源，煤气发生量与消耗量之间的平衡程度对钢铁企业的生产成本和能源消耗影响极大。煤气系统不平衡源于两个方面：一方面是煤气系统的结构性不平衡，即静态不平衡；另一方面是煤气系统运行过程中的不平衡，即动态不平衡。实现煤气平衡的关键在于自备电厂的机组配置与动态调度。

　　我国钢铁企业一般是以高炉-转炉长流程为主，在任何时刻都要求煤气的发生量总是要大于需求量才能满足生产，所以煤气产耗是不平衡的，是动态富余的。由于煤气产生和消耗的连续性和不规律性，如果煤气系统缓冲用户没有充分发挥其作用，就会造成煤气的放散或不足。目前，我国钢铁企业煤气的平均放散率达到 5.76%，而世界先进国家煤气平均放散率只有 1%，差距十分明显，仅这一项差距就使得我国钢铁吨钢能耗增加 5%。由此看来，富余煤气系统如何在自备电厂合理发挥其缓冲作用对整个钢铁企业节能降耗至关重要。由于钢铁企业煤气系统产生、消耗工艺复杂，造成煤气富余量变化频繁，使得对自备电厂煤气系统的预测和动态优化调度研究比较困难。毋庸置疑，运用数学模型结合富余煤气的自身特性对自备电厂煤气系统进行预测及调度，对发展钢铁生产、降低能源消耗和产品成本是一种强有力的手段和途径，具有重大的理论意义和现实意义。

　　作者长期从事钢铁企业、自备电厂煤气系统预测、优化调度等课题的研究，并跟踪国内外的研究动态。本书是作者多年研究的总结，同时也吸收了国内外的最新研究成果。本书综合考虑煤气放散和机组运行效率下降对整个煤气系统价值的影响，建立自备电厂机组配置优化模型；考虑到依靠人工经验无法对其煤气供入量进行准确预测，针对煤气供入量特性，建立自备电厂煤气供入量预测模型；在预测模型的基础上，从煤气系统全局出发，以总运行成本最小为目标，考虑锅炉负荷波动频繁的特点，建立优化调度模型。为此，本书将所建模型应用于实际钢铁企业自备电厂，从系统和全局视角出发研讨钢铁企业自备电厂机组配置优化、煤气优化调度问题，丰富钢铁企业自备电厂煤气系统预测、优化、调度问题的研究方法，以期为钢铁企业自备电厂煤气系统提供理论与方法上的指导。

全书共 5 章内容。第 1 章介绍了钢铁企业自备电厂煤气系统预测、优化、调度问题理论与方法兴起的背景和基本研究内容；第 2 章在剖析钢铁企业富余煤气特性的基础上，综合应用数学建模、系统分析和统计学的相关理论知识，分析解决了钢铁企业自备电厂机组优化配置的问题；第 3 章科学地对自备电厂煤气供入量进行预测，使调度人员实时把握煤气资源的波动情况，并提前制定调度方案进行事前调度，对实现钢铁企业煤气系统静态平衡和动态平衡具有重要的意义；第 4 章建立了钢铁企业自备电厂煤气系统优化调度模型；第 5 章将本书的主要研究工作与取得的研究结论运用到钢铁企业自备电厂的实际案例。

本书的撰写得到了重庆市基础与前沿计划项目（cstc2016jcyjA0341）、重庆市教委高校人文社会科学研究项目（规划项目）（16SKGH266）的资助。同时，本书还得到了大理大学王华校长和冶金节能减排教育部工程研究中心各位同仁的帮助和大力支持。也非常感谢重庆化工职业学院领导为本书做出的贡献。西南交通大学出版社对本书的出版给予了大力支持，在此一并表示感谢！

由于作者水平有限，本书难免有疏漏之处，恳请专家和读者对本书从内容到形式提出宝贵的意见和建议，以便修改完善。

孟 华

2018 年 5 月

目 录
CONTENTS

1 绪 论

1.1 我国钢铁企业煤气资源及回收利用

钢铁企业煤气资源是在生产钢铁产品时副产的气体燃料，占整个钢铁企业总能耗的 30% 左右，是钢铁企业中重要的二次能源。煤气系统是钢铁企业能源系统的主要组成部分，是一个不仅涉及煤气产生、储存、放散、使用和缓冲等诸多环节，而且还关系到多种工序产品产量和质量的提高、原材料成本的降低、环境污染的改善等一系列问题的复杂庞大系统，如图 1.1 所示。通常，煤气柜能够削减由于煤气供需不平衡引起的瞬时波动，自备电厂锅炉作为主要缓冲用户调节吸收本厂的富余煤气，以提高钢铁企业供电的可靠性，降低用电成本，对节能、环保、提高全厂经济效益起到了良好的作用，所以自备电厂往往是钢铁企业的重要组成部分，也是钢铁企业重要的利润增长点[1]。

1.1.1 煤气资源

钢铁企业副产煤气是在钢铁冶炼过程中产生的具有物理能量和化学能量的气体能源副产品，钢铁企业生产过程如图 1.2 所示。从图中可以看出，在整个生产过程中共产生焦炉煤气（COG）、高炉煤气（BFG）和转炉煤气（LDG）。三种煤气的组成如表 1.1 所示。

（1）焦炉煤气是由洗精煤在焦炉绝氧的状态下炭化或干馏产生的，是焦化过程中的副产品。其主要成分是 H_2 和 CH_4，发热值一般为 17 ~ 19 MJ/Nm^3，在三种煤气中热值最高，吨焦平均产气 400 ~ 450 m^3。其特点是生产相对稳定，各种参数波动小，毒性较小。因此，焦炉煤气回收利用最早，技术发展较完善，主要用户为转炉和其他工业炉窑，如轧钢加热炉、焦炉等，还可以作为民用煤气[2]。

（2）高炉煤气是由铁矿石和焦炭在高炉中发生还原反应而产生的，属于高炉炼铁的副产品。其主要成分是 CO、N_2，毒性大，热值低，一般为

3.5 MJ/Nm³ 左右，吨铁平均产气 1 400～1 800 m³。其特点是产出波动大，燃烧温度较低且气源压力不稳定，在企业中有不同程度的放散。随着炼铁技术的不断提高，高炉燃料比逐步降低，随之热值也降低，这是限制高炉煤气使用的最主要原因[3]，主要用户是高炉热风炉、焦炉、蒸汽锅炉，其和焦炉煤气混合后可用于轧钢加热炉。

（3）转炉煤气是在纯氧顶吹转炉炼钢过程中 1 600 ℃ 以上高温排出的气体，属于转炉炼钢的副产品。其主要成分是 CO，热值一般为 8.4～9.2 MJ/Nm³，处于焦炉煤气和高炉煤气热值之间，吨钢回收 60～80 m³ 的转炉煤气。其特点是毒性大，气源具有间断性、周期性，回收技术要求较高，导致转炉煤气的回收和利用效果相对较差。转炉煤气由于成分和发热值波动较大，主要用户为石灰窑和电厂锅炉[4]。

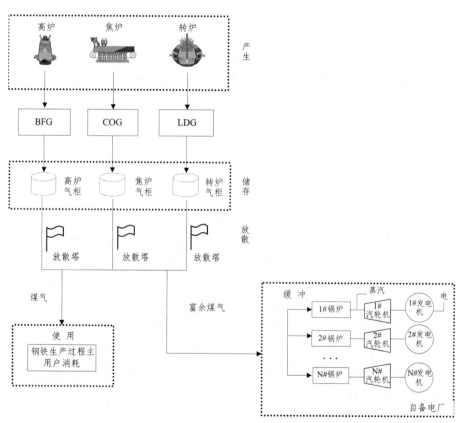

图 1.1　钢铁企业煤气系统示意图

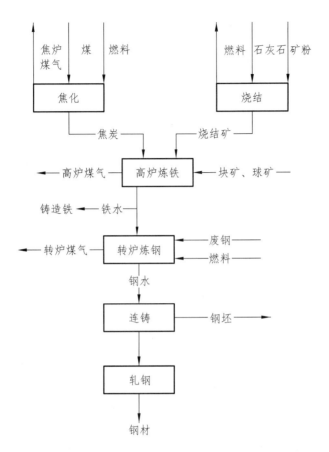

图 1.2　钢铁企业生产过程示意图

表 1.1　三种煤气的组成

煤气组成	焦炉煤气/%	高炉煤气/%	转炉煤气/%
H_2	55 ~ 60	1.5 ~ 3.0	5 ~ 6
CO	5 ~ 8	25 ~ 30	80 ~ 86
CH_4	23 ~ 27	0.2 ~ 0.5	0.7 ~ 1.6
C_nH_m	2-4	1	0.3
CO_2	1.5 ~ 3	9 ~ 12	10
N_2	3 ~ 7	55 ~ 60	3.5
O_2	0.3 ~ 0.8	0.2 ~ 0.4	0.5

此外，钢铁企业为了提高煤气的使用效率，通常将三种热值不同的煤

气进行相互混合,从而得到混合煤气,主要用作轧钢等工艺的加热炉燃料。

1.1.2 煤气资源的回收利用

煤气的产生和有效利用程度是反映钢铁企业能源管理水平的"晴雨表",其煤气产量的高低及煤气供需之间的平衡程度对钢铁企业能源系统的平衡和调节起着重要的作用,对企业的生产成本和能源消耗影响极大。2010年有 21 家重点钢铁企业的高炉煤气利用率、14 家转炉煤气利用率、9 家焦炉煤气利用率均在下降。总体来讲,高炉煤气利用率为 96.24%,比上年有所提高;焦炉煤气利用率为 97.94%,比上年下降 0.17%;转炉煤气利用率为 88.84%,比上年提高 2.06%。由此看到,重点钢铁企业转炉煤气得到了充分的回收与利用,目前国内平均回收量为 81 m^3/t,先进水平的转炉煤气回收大于 100 m^3/t,尚有一些中小转炉煤气没有进行回收。2011 年 1 月,重点钢铁企业高炉煤气放散率为 3.90%,比 2010 年下降 0.41%;转炉煤气利用率为 88.84%,比上年提高 2.32%,吨钢回收煤气 84 m^3/t;焦炉煤气放散率为 2.16%,比上年升高 0.68%。据统计,2012 年首季重点钢铁企业中,有 23 家高炉煤气回收率在下降,16 家转炉煤气回收率在下降,12 家焦炉煤气回收率在下降。总体而言,高炉煤气放散率为 3.86%,比上年下降 0.75%;转炉煤气回收量为 89 m^3/t,比上年同期提高 8.04 m^3/t;焦炉煤气放散率为 1.28%,比上年同期升高 0.75%[5]。

从以上数据可看出,钢铁企业煤气系统的放散问题依然较为严重,这正是企业应该重视和迫切需要解决的问题,而造成问题出现的主要原因是煤气系统不平衡,富余煤气没有得到合理的用户消耗导致放散。因此,提倡取消钢铁企业中一切烧煤和烧油的炉窑,在企业内部以最大限度充分、合理地利用好煤气,使煤气得到高质量、高效利用;建立自备电厂,将富余煤气供给大机组发电,使热电效率和能源效率得到提高,实现钢铁企业和自备电厂的双赢[6]。随着我国节能技术的进步,归纳其回收与利用历程,主要经历了以下三个漫长曲折的阶段:

第一阶段:1957—1978 年。这一阶段初,我国钢铁企业煤气的回收、利用还未得到重视,直到 1978 年,我国钢铁工业才具备了一定的发展基础,开始逐步进入了有序的状态。在此期间,钢铁企业主要回收的是焦炉煤气,大部分作为高炉、焦炉等内部用户的燃料,其余部分放散,放散率高达 20%以上;高炉煤气除了在高炉热风炉上使用以外,绝大部分放散;转炉煤气基本不回收，钢铁企业所用燃料除了煤气以外以购重油为主。

第二阶段：1978—2000 年。这一阶段，煤气资源的回收与利用工作逐渐完善起来。从 1978 年开始，我国开始重视节能工作，采用各种节能新技术，开展一系列相关系统的节能工作。焦炉煤气除了供给企业内部用户使用，还用于附近的生活区作为民用煤气和工业燃料。因此，在低热值煤气燃烧技术未开发之前，高炉煤气由于其自身特点，钢铁企业中均有不同程度的放散，其利用一直处于"食之无味，弃之可惜"的尴尬境地。进入 20世纪 80 年代后，针对高炉煤气热值逐渐降低的问题，各企业按照生产工艺和热工设备对煤气热值的不同要求，开始使用高、焦或高、焦、转混合煤气，大大减少了高炉煤气的放散，使煤气的产、消平衡得到了调节。直到20 世纪 90 年代，高温蓄热燃烧技术、高炉煤气发电技术的兴起，才使高炉煤气得到了普遍应用，大大减少了高炉煤气的放散，同时也将高热值的焦炉煤气置换出来，使焦炉煤气逐步开始富余，并用于钢铁企业附近的生活区民用煤气和工业燃料。随着炼钢平炉的淘汰，转炉逐渐成为炼钢的主要设备，转炉煤气的回收利用也逐步受到重视。我国回收转炉煤气虽有多年的历史，但回收量一直较低，与技术先进国家相比，差距甚大。1996 年，我国钢铁企业平均转炉煤气的回收量只有 47 m^3/t[7]，而日本 1995 年吨钢转炉煤气回收量已经达到 108 m^3/t[8]。

第三阶段：2000 年至今。2000 年以来，钢产量的增加、现有技术的成熟和新技术的应用使钢铁企业煤气富余量逐渐增多，许多钢铁企业存在着大量的煤气放散问题，不仅严重污染了周边的环境，同时也造成了能源的巨大浪费。在日本、德国等发达国家，钢铁企业所产生的煤气基本上被全部回收并再利用，而我国钢铁工业吨钢能耗和各重点工序的工序能耗均高于这些国家[9]。近年来，统计我国不同规模钢铁联合企业高炉-转炉流程煤气回收、利用及放散情况分别如表 1.2、1.3 所示[10]（煤气消耗计算到热轧工序）。

表 1.2　我国不同规模钢铁企业煤气回收与利用情况

规模 （万吨/年）	代表性 产品	煤气产率 /（GJ/t 钢）	煤气燃耗 /（GJ/t 钢）	煤气 富余量/ （GJ/t 钢）	富余率/%
900～1 000	以板、卷材为主， 兼有棒线型材	9.08	5.22	3.86	42.5
600～800	棒线、型、管材 及板卷材	8.85	5.56	3.29	37.2

续表

规模 （万吨/年）	代表性 产品	煤气产率 /（GJ/t 钢）	煤气燃耗 /（GJ/t 钢）	煤气 富余量/ （GJ/t 钢）	富余率/%
300～500	棒线、型、管材 及板卷材	8.77	5.85	2.92	33.3
100～200	棒材、线材等	8.21	6.17	2.04	24.9

由表 1.2 可知,吨钢煤气富余量与钢铁联合企业的规模有关,规模越大,煤气的回收量越多,富余量也越多,例如年产 1 000 万吨的大型钢铁企业煤气富余率可达 42.5%,而年产 100 万～200 万吨的小型钢铁企业转炉煤气一般不回收或者回收很少,煤气富余率仅为 24.9%。

表 1.3　我国重点钢铁企产煤气放散和利用情况

年度	2003	2004	2005	2006	2009	2010	2011	2012
高炉煤气 利用率/%	90.49	95.6	89.54	90.22	94.05	94.72	—	—
焦炉煤气 利用率/%	97.61	98.59	94.24	95.82	98.41	98.34	—	—
转炉煤气 回收率/$m^3 \cdot t^{-1}$	41	42	54	56	75	81	84	89
高炉煤气 放散率/%	9.51	4.4	10.06	9.78	—	—	3.9	3.86
转炉煤气 放散率/%	2.39	3.41	5.76	4.18	—	—	—	—

1.2　钢铁企业富余煤气资源利用现状

富余煤气是指单位时间内(1 h)钢铁企业煤气的产生量扣除主工序(包括焦化、烧结/球团、炼铁、炼钢、热轧、冷轧等)消耗量后的剩余部分。在实际生产中,由于煤气不易管理、储存,产生量和消耗量波动大,煤气系统富余量大且存在严重的放散现象,造成能源浪费和环境污染。因此,合理地利用富余煤气显得尤为重要。

1.2.1　富余煤气增加的原因

为了保证钢铁企业生产物质流的连续、快速运行,钢铁企业的能量流总是过剩的。因此，钢铁企业煤气系统的回收量总是大于主生产工序的煤气需求量，从而造成煤气富余。同时，在钢铁企业生产过程中存在的非计划性停产、检修、事件等工况，以及季节性变化等非可控因素的出现也会引起煤气富余[11]。

从企业自身内部来看，近几年我国钢产量逐年增加，从而使生产过程中使用的焦炭、生铁等产品增加，因此，焦化过程以及炼铁过程中能量流也不断变大，致使焦炉煤气、高炉煤气、转炉煤气的产量越来越多，即钢铁企业煤气产生量大幅增加。同时，钢铁企业为了提高自身的竞争力，越来越重视装备的提升改造以及生产工艺的优化改进，与传统的钢铁联合企业不同，生产设备逐步向大型化迈进，连铸技术等关键共性技术也已经普及应用，冗余生产工序大大减少，提高了能源利用率[12-13]。尽管企业产品深加工比例的提高、热处理工序的增加，使煤气消耗量增加，但是企业采用各种先进燃烧节能技术来提高燃烧的热效率，降低系统本身消耗的煤气量，总体来讲，煤气的总消耗量是下降的，富余量又将增加。

从外部环境看，随着人们环保意识的不断加强、环境保护法律法规的不断健全，迫使钢铁企业必须采取相应的措施以减少企业煤气的放散。并且作为耗能大户，钢铁企业在节能减排方面的压力也越来越大，因此，钢铁企业采取了各种措施对三种煤气进行回收利用。

综上所述，近年来我国钢铁企业富余煤气在内外两种环境的影响下呈明显上升趋势。

1.2.2 富余煤气的利用现状

近年来，我国钢铁企业煤气富余量大，如果不合理利用，煤气就会放散，造成资源严重浪费，对企业而言也是严重的损失。如何利用这些富余的煤气资源，并通过有效的措施使其发挥最大的作用，降低企业能耗并创造最大的经济效益、环境效益和社会效益，成为我们亟待解决的问题。目前，对于富余煤气的利用，主要有以下几个途径：① 发电；② 焦炉煤气直接还原铁；③ 作为城市燃气；④ 作为工业燃料；⑤ 焦炉煤气变压吸附制氢；⑥ 煤气合成甲醇以及生产其他化学产品等。其中，煤气用于发电是煤气回收利用最常用的方法。我国大、中型钢铁企业一般都建有自备电厂，作为钢铁企业煤气系统的主要缓冲用户调节吸收富余煤气，为企业提供蒸汽和电力，降低了用电成本，在节能、环保、提高经济效益上都起到了良好的作用。目前，钢铁联合企业煤气发电的主要方式有：纯烧煤气锅炉-蒸汽轮机发电方式、掺烧煤气燃煤锅炉-蒸汽轮机发电方式和燃气轮机-蒸汽联合循环发电方式（CCPP）[14]。有的企业单独采用其中的一种，有的由多种组成，不同的发电方式缓冲的煤气量不同，产生的效益也不同。

1. 纯烧煤气锅炉-蒸汽轮机发电方式

这种发电技术是将钢铁企业中产生的大量低发热值煤气全部用于发电的一项技术，此技术已在鞍钢、马钢、武钢、沙钢、梅钢、安钢等企业广泛使用。

其特点为：燃料均为煤气，投资维修成本低，操作与维护简单。生产过程中当煤气消耗量减小时，锅炉的出力会低于额定的蒸发量，从而使锅炉内传热发生变化，只有当锅炉负荷在额定蒸发量的 85%～100%，燃气锅炉热效率最佳；锅炉在低于 80% 的负荷下或短时超出 100% 的负荷下运行，锅炉效率都会急剧下降。在实际生产过程中，面对燃气锅炉作为煤气缓冲用户的缓冲能力有限、煤气富余量波动又非常大的现实情况，必然要求有相当负荷的燃气锅炉做缓冲用户。而对于锅炉操作而言，负荷频繁变化对燃气锅炉发电的效率影响极大，机组发电能力极低，所以这种利用方式必然是低效的，其热效率只有 25%～30%。其次，由于燃气锅炉容量有限，国内最大的燃气锅炉仅为 220 t/h，负荷调节有限，所以煤气消耗量调节范围不大，当煤气波动较大时，必然导致煤气的大量放散[15-17]。

2. 掺烧煤气燃煤锅炉-蒸汽轮机发电方式

这种发电方式燃料以煤为主、煤气为辅，运行可靠，不受供热内部资源的影响，方式灵活，可适应能源的相互替代。其发电机组装机容量都比较大，煤气消耗量的调节范围为 0%～30%（有的设计值达 65%，如宝钢的 1#、2#锅炉，但实际运行中基本在 30% 以下），发电效率为 35%～40%，是钢铁企业可靠的煤气缓冲用户，且掺烧煤气后对发电效率影响不大。以宝钢 3#发电机组为例，当掺烧高炉煤气比例为 0%、20% 和 40% 时，发电效率为 39.3%、38.5%、37.4%。但是发电煤耗相对较高，成本较高[18-20]。

3. 燃气轮机-蒸汽联合循环发电方式

燃气轮机-蒸汽联合循环发电（Combined Cycle Power Plant，CCPP）技术在西方已有 50 多年的历史，目前已成为一种成熟的动力系统并被全世界所接受。

　　CCPP 不但有效利用了本厂的富余煤气，而且将钢铁企业自备电厂技术推进到一个崭新的阶段。虽然其投资成本及维修成本较高，但与常规锅炉发电相比，CCPP 在不向外供热时热电转换效率达 40%～45%，从而使发电成本大大降低，节能效果显著，作为热电转化效率高而用于钢铁企业的煤气发电方式。当采用热电联产，外供生产用蒸汽后热电转换效率可达 58% 左右，即在发电的同时外供蒸汽，实现了减排、发电、提供生产用蒸汽一举三得，为纯粹意义上的热电联产，其余机组均仅用于发电，这大大降低了能源的热电转换效率。1997 年，宝钢引进一套 150 MW 的 CCPP 发电机组，采用高炉煤气作为燃料，开始了我国钢铁企业建设 CCPP 的先河，热电转换效率提高到 45.52%。之后，通钢、济钢、马钢、鞍钢均建设了 CCPP，其中鞍钢的 CCPP 机组装机容量达到了 300 MW，以高炉煤气和焦炉煤气为燃料，年发电量 20 亿千瓦时，是目前世界上功率最大、最先进的 CCPP 发电机组。因此，随着燃气轮机技术的进一步提高，燃用低热值煤气的燃气-蒸汽联合循环发电技术已被公认为是充分利用钢铁联合企业煤气、提高二次能源利用效率的先进技术。根据煤气的不同发电方式，各类发电机组的发电效率如表 1.4 所示。可以看出，CCPP 发电机组的效率最高，其他煤气发电方式随着发电机组装机容量的增大，煤气利用率显著提高[21]。

表 1.4　不同煤气发电机组的发电煤耗与发电效率（不考虑热电联产）

发电机容量 /MW	纯烧煤气方式		掺烧煤气燃煤方式		CCPP	
	发电煤耗/ (kgce/kW·h)	发电效率 /%	发电煤耗/ (kgce/kW·h)	发电效率 /%	发电煤耗/ (kgce/kW·h)	发电效率 /%
3	0.54	22.8	—	—	—	—
6	0.52	23.6	—	—	—	—
12	0.5	24.6	0.48	25.6	—	—
25	0.45	27.3	0.44	27.9	—	—
50	0.425	28.9	0.42	29.3	0.293	42
100	—	—	0.4	30.7	0.273	45
110	0.410	30	—	—	—	—
125	—	—	0.375	32.7	—	—
150	—	—	0.35	35.1	0.267	46
300	—	—	0.33	37.2	0.256	48
350	—	—	0.32	38.4	—	—

综上考虑，在富余煤气发电方式的选择上，根据企业实际富余情况，优先使用煤气-电力转化效率高的装置，剩余部分再用热效率低的锅炉，最终实现煤气零放散。

1.3 钢铁企业自备电厂现状及存在的问题

钢铁企业作为用电大户，也受到了电力供应紧张的制约，企业在成本上竞争也越发激烈，如何节约用电、避峰填谷、降低成本、增加效益是企业必须面对的问题。因此，为了节约能源、降低能耗，减少对环境的污染，将富余煤气合理利用到自备电厂实现企业供电自给自足是一种必然趋势。

1.3.1 自备电厂的分类

从建设的情况看，自备电厂可以分为以下三种类型：

（1）为满足本企业生产用电而建设的大型常规燃煤电厂，电厂发电基本上满足本企业生产所需，不足部分由电网供给，多余部分按照协议规定可输至电网，即"缺电网供，余电上网"。这种电厂的容量大小取决于企业所需要的电力，一般机组均大于 200 MW，当所需负荷在 300 MW 以上、年用电量在 15 亿千瓦时以上的企业才值得建设；如果机组容量小，能效较低，不符合国家能源政策则不允许建设。

（2）利用本企业排放的废料或未能利用的副产品来发电，如选煤厂利用煤矸石发电、钢铁企业利用富余煤气发电、水泥厂利用窑炉余热发电、矿井利用瓦斯发电等。这些机组的容量是根据排放的废料及未能利用的副产品的多少来定，从目前情况来看，这些机组发出的电力主要供给本企业。有的可以完全被本企业用完，有的则用不完，所余电力通过上网外供电力系统，本书研究电厂属于此类。

与石油、电力和液化天然气等能源来源不同，煤气是在钢铁生产过程中连续产生的，没有附加费用，但不能被长时间保存。煤气产生之后，作为生产燃料或者锅炉燃料被消耗掉。由于煤气的产生和消耗机理复杂，加之工况变化、设备检修、时间等原因，煤气的产生和消耗就出现短暂的不平衡。当煤气供大于求的时候，为了保证管网压力不能过大，就要对一部分富余煤气进行放散；反之当煤气供小于求的时候，就要外购石油、煤粉等燃料，显然这两种情况都会造成能源系统生产成本的增加。为了平衡煤气的波动，目前，很多钢铁企业通过煤气柜来缓解煤气供需不平衡问题，虽然煤气柜可以短时储存适量气体，但是由于其成本昂贵、容量有限，只能瞬时缓冲煤气波动，所以不能从根本上解决问题。而自备电厂作为钢铁企业煤气系统的主要缓冲用户，作用显得尤为重要，它可以将富余煤气作为锅炉燃料为企业提供热量，使水变为水蒸气进入涡轮机发电。

（3）企业生产需要用热，基于所需的热量相应建设能供给足够热量的热电机组，这类机组容量一般为 50 MW 及以下，也有超过 50 MW 的，如 100 MW、125 MW、135 MW，这些机组在生产足够的热力后将会生产超过本企业所需的电力，为此必须将余电上网，向电力系统送出电力，这些机组如果是燃煤的，要求达到国家规定的热电比才行[22]。

我国自进入 20 世纪 90 年代以来，电力供应一直处于紧张状态，近年来我国的电荒进一步加重。钢铁工业的耗电在其能源消耗中占很大比重，电价对生产成本影响很大，而企业建自备电厂成本较低，一般仅为市场价的 60%。钢铁企业自备电厂的规模不是以缺电量来确定，而往往以富余煤气量来确定。自备电厂的建立首先应根据钢铁企业富余煤气的性质来做机型选择，然后是确定合适的机组能力。钢铁企业不够的电力还要靠国家电网供应，这是自备电厂不同于国家独立电厂的建厂原则。从全国电力系统的结构调整看，国家并不鼓励建设独立的小电厂，但对节能与环保都有益的自备电厂还是积极支持的。针对电力价格上涨、钢铁企业自备电厂成本相对较低的情况，自备电厂利用钢铁企业生产过程的富余煤气，使之尽量不放散，这是一种合理利用资源，利于环境保护的思考，认为利用钢铁企业富余煤气发电是经济上较好、技术上可行的发电方式，并且煤气是钢铁企业的副产资源，属于废气，利用废气发电又受国家的保护和扶持，是针对目前国内电力资源紧缺有效可行的措施，也是钢铁企业煤气再资源化有效的途径之一，符合可持续发展的要求[23]。

钢铁企业在生产冶炼过程中需消耗大量的蒸汽和电力，钢铁企业自备电厂是利用企业煤气系统中的富余煤气，自己发电自己用，对于自发有余的发电量还可以进入国家电网提供居民用电，一方面可以提高资源利用效率，节约能源，减少煤气放散；另一方面也为企业带来了很好的经济效益。钢铁企业早期由于规模较小，企业自备电厂很少，多数企业是由锅炉直接供热。近年来，随着钢铁企业生产规模的逐渐扩大，企业内部用电量大大增加，同时生产过程产生的富余煤气量增多，因此，大多数钢铁企业均已建设了自备电厂，既充分利用了二次能源，也为企业的电力生产提供了可靠的基础保障，这是一种合理利用社会资源、有利于环境保护的思考，符合可持续发展要求。在钢铁企业自备电厂电供应规划的诸多因素中，要重点关注建设规模的确定、发电方式及锅炉优化调度等问题，它们之间往往会产生矛盾，在规划和建设时需要进行多方面的衡量。

传统火电厂的发电方式是以电定燃料，即根据整个电厂的电力需求来确定锅炉的负荷，然后确定需求的燃料量。而钢铁企业自备电厂的发电方式是以燃料定电，即根据企业富余煤气量的多少来决定自备电厂的发电量。生产工艺是将燃料送入炉膛内燃烧，放出的热量将水加热成为具有一定压力和温度的过热蒸汽，过热蒸汽进入汽轮机膨胀做功，高速气流冲击汽轮机叶片带动转子旋转，同时带动同轴发电机转子发电。自备电厂的生产过程实质上是将一次能源（燃料的化学能）转化为二次能源（电能）的能量转化过程。它与传统火电厂的区别主要表现在以下三个方面：

（1）规划建设：与常规火电厂相比，钢铁企业自备电厂必须靠近热负荷中心，其用水、征地、拆迁、环保要求等大大高于同容量火电厂，同时还需建造煤气管网。

（2）机组容量：与常规火电厂相比，钢铁企业自备电厂装机容量受煤气富余量大小、煤气特性等因素制约，机组规模要比目前火电厂的主力机组小。有的钢铁企业实现热电联产，因此需要既发电又供热，锅炉容量大于同规模火电厂，必须比一般火电厂多增设锅炉容量以备用，水处理量也大，一般除了发电之外还供热，整体效率要大于 50%，火电厂效率不会超过 40%。

（3）发电上网：火电厂是以发电为主，主要实行"竞价上网"。而钢铁企业自备电厂是利用富余煤气发电，一方面是为了避免企业煤气放散，保证企业煤气系统平衡；另一方面，是为了结合企业现有的 TRT、CDQ 等发电方式以实现企业发电自给自足甚至外供。

1.3.2 自备电厂煤气系统存在的问题

由于实际生产中影响煤气波动的因素较多，煤气供需之间经常随着工艺生产状态的改变而发生波动，由此带来的煤气管网波动将使工艺生产的热工制度得不到保证，既影响产品质量，又增加产品单位热耗。而在实际生产中出现的瞬时不平衡很难用静态分析方法全面、系统地进行研究，此时煤气系统的动态不平衡将给钢铁生产带来一定的影响。当煤气不足时，必然要限制一部分煤气用户的生产；煤气盈余时，又将有大量煤气被放散，既浪费燃料又污染环境。自备电厂作为煤气系统的缓冲用户，一方面可以防止煤气放散实现煤气系统平衡，另一方面可以用富余煤气发电供企业自用。自备电厂煤气消耗量取决于煤气的平衡情况，当煤气产出量不足时，使用量会受到限制，这一点与其他为满足生产的煤气主用户不同[24]。

我国大型钢铁企业非常重视煤气的利用，近年来，大量投资用于对煤气系统相关设备的改造，尽量科学合理地利用煤气，对于富余煤气基本全部用于企业自发电，对企业的节能减排、降低成本起到了关键的作用。20世纪90年代以前，我国建设的自备电厂一般均采用朗肯循环，用掺烧煤气燃煤锅炉，锅炉产生中压或高压蒸汽再用汽轮机发电，热电转换效率一般为 28%~35%，只有像某些特大型钢铁企业建设 350 MW 高蒸汽参数的大机组才能达到 38% 的转换效率[25]。

在自备电厂煤气系统中利用高炉煤气-蒸汽联合循环发电是钢铁企业高炉煤气利用三项突出创新技术之一；利用焦炉煤气发电是一项比较可行的方案，可以通过蒸汽、燃气轮机和内燃机等三种方式发电。通过蒸汽发电技术成熟可靠，国内已有很多应用，而燃气轮机和内燃机由于技术还相对不成熟，目前应用较少。不过，利用焦炉煤气发电是环保节能综合利用的优势项目，是国家重点扶持项目。在发电方案中，建设燃气轮机热电联供是一项技术先进、投资回报率高的工程项目，可以对焦炉煤气进行有效利用[26]。下面以两个大型钢铁企业为例说明自备电厂煤气系统的现状。

宝钢拥有世界先进的煤气回收利用设备和技术，自备电厂建有 350 MW 的机组和先进的自动化控制，使宝钢电厂一跃而成为全国电力行业新的骄傲，也奠定了中国最大钢铁企业自备电厂的基础；同时，能源中心建立了一整套激励和惩罚机制，最大限度地减少煤气的放散，高炉煤气放散率达到世界先进水平。宝钢在煤气利用方面研发出全烧低热值煤气燃气轮机技术，该机组投产后，使宝钢每年被放散 20 多亿立方米的高炉煤气得到有效利用，不仅解决了企业的煤气平衡问题，而且对环境保护起到了积极的作用，称为名副其实的"绿色机组"。企业并网发电的各项经济技术指标均处于国内先进水平，供电煤耗和厂用电率均控制得很好，节电方面也做了大量的工作。

马钢以"以气代煤，以气代电"为指导思想，充分利用高炉煤气等作为一次能源进行高炉煤气掺烧锅炉改造，年节约外购燃料费用 500 余万元。所建成的全燃高炉煤气锅炉成为国内同类型锅炉中投资最省、工期最短、效益最佳的工程。一年可回收利用高炉煤气 14 亿立方米，彻底根除高炉煤气对环境的污染，每年可为马钢公司带来直接效益 5 000 多万元[27]。

总体来说，我国钢铁企业在煤气的管理和利用方面取得了相当大的进步，尤其是在自备电厂煤气的利用中，采用了一系列新技术提高发电效率。但是与世界先进国家、先进钢铁企业相比，还有一定差距。

钢铁企业自备电厂可采用多种燃料，但是随着煤气富余量的增多，很多企业燃用本厂富余煤气以提高自备电厂供电的可靠性，其煤气缓冲量可随钢铁企业的煤气富余情况进行调整。但是目前依然存在着很多的问题，主要归纳为以下几点：

（1）煤气系统不平衡，煤气放散量大，发电机组配置不合理。

尽管钢铁企业的管理水平有所提高，但是煤气系统不平衡的问题依然存在，煤气放散的问题迟迟无法解决，归根结底是由于煤气系统静态不平衡，即煤气系统结构不平衡，而影响这个平衡的主要原因是自备电厂机组配置不合理。部分钢铁企业普遍存在发电机组选型不合理、投产后供电负荷远达不到规定容量、节能效益得不到体现的问题。其原因主要有如下两点：

① 项目的可研论证阶段，企业按照正常生产所产生的富余煤气去确定自备电厂机组规模，但是实际生产中，由于部分规划项目停建、缓建或缩减规模，使得实际机组负荷比规划设计机组负荷要小得多，形成"大马拉小车"的现象。

② 企业规划不合理。首先，企业的建设是分阶段进行的，自备电厂建设规模的确定不能局限于只考虑近期规划，应结合中、远期规划统筹考虑。另外，许多企业在规划时虽然确定了近、远期发展规模，但在具体建设过程中会出现很多意外情况，从而需要对建设进度或建设项目进行调整。这些都会给自备电厂的规划带来不确定的因素，使锅炉、发电机组参数及规模的确定存在一定的困难。

因此，很有必要确定一套合理的自备电厂机组配置方法，综合考虑煤气的放散、锅炉负荷、效率变化等因素，为企业提供一种新思路。

（2）没有对自备电厂煤气供入量进行预测，导致操作过程人为因素涉及过多，没有理论依据。

煤气供给波动频繁，发电煤耗高；锅炉之间信息孤岛，锅炉之间互扰严重；煤气系统反应的滞后性导致设备状态难以快速观察[28-29]；这些因素都会导致煤气系统动态不平衡而放散，因此，能否安全准确地预测出煤气的流量，将直接关系到自备电厂煤气系统的优化调度[30-31]。根据自备电厂煤气供入量的预测结果，结合其间生产计划、检修计划或技改项目等影响因素对下一段时期内煤气供入量进行短期预测规划，便于煤气调度等操作人员合理分配，适时调整。根据预测结果，相关职能部门可以做好日、周、月静态平衡计划，避免生产过量煤气，减少煤气放散造成的资源浪费和环境污染，同时也可以避免煤气的发生量不足，防止生产过程中能源短缺引起的停产现象，这是降低生产成本、提高经济效益和社会环境效益的有效途径。科学地预测钢铁企业自备电厂煤气供入量，是合理制订自备电厂煤气使用计划、保证煤气发生量与消耗量的平衡、提高企业自发电率、减少煤气放散的有效手段[32]。

基于自备电厂煤气系统预测中存在的问题，为了选择合适的预测方法对自备电厂煤气供入量进行预测，首先对前人在相关方面的研究工作总结如下：

目前比较常用的预测方法有回归分析法、灰色预测法、多层递阶回归分析法、时间序列法、神经网络法等，很难比较这些方法孰优孰劣，不同方法适用于不同类型的数据。在实际预测中，主要是根据待预测系统原始数据的特点灵活选择预测方法。

① 时间序列法。

时间序列是以时间为顺序的一组数列，此方法是根据数理统计的方法加以处理，以预测未来事物的发展。时间序列分析是定量的预测方法之一，其基本原理：一是承认事物发展的延续性，根据过去数据的特征就能推测事物未来的发展趋势；二是考虑到事物发展的随机性，任何事物的发展都可能受偶然因素影响，为此要利用统计分析中加权平均法对历史数据进行处理。时间序列预测一般反映三种实际变化规律：趋势变化、周期性变化、随机性变化；一般适用于比较复杂的系统，尤其适用于难以得到各影响因素确切数值的系统预测问题[33-34]。

吴成忠等采用 AR(p)模型来预测高炉煤气发生量，但只是对高炉煤气月发生量进行了预测。

Fukuda 等人通过预测来优化能源需求，主要采用时间序列法对三种煤气产生量进行预测，但预测的精度不高。

李雨膏预测了焦炉煤气的产生量，效果较好，但是未对高炉煤气和转炉煤气的产生量进行预测。

汤振兴对钢铁企业煤气系统中焦炉煤气的产消及煤气柜中煤气的含量进行预测，将焦炉煤气的产消预测归结为一类基于时间序列的预测问题，将煤气柜中的煤气含量预测归结为回归预测问题。预测结果表明，在小样本和随机噪声的数据环境下能保持很高的预测精度，适合于钢铁企业的焦炉煤气发生量实施在线预测。

②回归分析法。

回归分析法是一种理论性强、应用广泛的定量预测方法。它从一组样本数据出发，通过分析预测对象与影响因素之间的关系来建立变量之间的数学关系式，对其可信度进行检验并用数学模型预测未来的状态。回归分析在解决预测问题上往往具有一定的局限性，当系统比较复杂且数据量比较大的时候，回归分析法很难找到理想的数学模型进行分析，预测精度不高。

姜曙光对钢铁企业主工序分厂煤气发生机理和消耗特性进行了研究，找到了影响各分厂煤气发生量和消耗量的主要因素。以济钢为例，在现有能源中心对焦炉煤气柜和高炉煤气柜预测的基础上，用回归分析法对各种煤气的发生量及消耗量进行预测，保证煤气最大化利用。

③灰色预测法。

灰色预测是利用已知的小样本信息建立灰色预测模型，确定系统未来的变化趋势。即通过建立 GM 模型群，研究系统的动态变化，掌握发展规律，控制未来发展的方向。目前，最常用的灰色预测模型是 GM(1,1)模型。建模时，将系统看成灰色系统，采用累加生成法把历史数据进行灰数生成，建立 GM(1,1)模型进行求解，然后用累减还原法得到预测值。灰色预测模型属于非线性拟合外推预测方法，由于具有建模灵活、所需数据量小等优点，在自然科学和社会科学等领域得到广泛应用。但是同时也有一定的局限性：数据灰度越大，预测的精度越差；而精度高、具有实际意义的数据预测值仅仅是靠前的几个数据，越往后的数据预测精度越差。此外，灰色系统建模的前提条件是数据序列为光滑离散函数，而且模型仅仅只能描述一个随时间按指数规律增长或减少的过程。

李玲玲基于钢铁企业煤气用户的生产消耗特性，提出了影响煤气消耗量的几个关键因素，并将这些因素与煤气消耗量进行定性分析，用灰色关联度的方法对煤气消耗量和这些因素的关联程度进行定量分析，建立了煤气消耗预测模型，并进行了分类[37]。

聂秋萍等人通过 RBF 神经网络逼近数据变化的规律，建立了基于灰色 RBF 神经网络的炼钢煤气消耗量预测模型，并利用灰色累加求和的特性对样本数据进行预处理，不仅减小了数据的随机性，也增强了数据的变化规律。

④ 多层递阶回归分析法。

多层递阶预测法是运用现代控制理论中系统辨识的方法提出的一种预测理论，它将预测对象看作是随机动态的变化系统，不采用固定参数预测模型。这种方法的基本思想是把时变系统的状态预测分离成对时变参数的预测和在此基础上对系统状态的预测两部分，对时变参数的预测使得状态预测的误差随之减小，多层递阶回归法认为系统是一个一维或者多维的时间序列，从系统的外部特征着手，建立输入输出模型。由于其建立在对大量历史数据的多层分析上，因此，预测模型的精确性有所提高。多层递阶回归分析综合了回归分析法和多层递阶法的优点，既较好地体现了高相关因子的重要作用，又充分考虑了动态系统的时变因素，因此预测的精度和稳定度都较为理想，适用于系统的短期、中期和长期预测。

李玲玲等人以某钢铁企业为背景，基于煤气用户的历史数据，通过多层递阶回归分析的方法建立了相应的消耗预测模型，从而对煤气用量进行预测。

戴朝晖分别采用多层递阶回归法、神经网络法和平均值法对钢铁企业轧钢厂、炼钢厂和烧结厂三个用户的消耗量进行了预测，预测精度较高，并根据预测值数据，结合计量表实际读数以及历史平均流量数据建立了煤气自动平衡系统，但是应用点主要在于静态的煤气平衡统计。

⑤ 神经网络法。

神经网络是模拟人脑神经网络结果与功能特征的一种技术系统，是预测领域的一个重大突破，它与传统的预测方法相比，避免了显性表达的缺陷，将传统的函数关系转化为一种非线性映射，将传统函数的自变量和因变量作为网络的输入和输出。它用大量非线性并行处理器间错综复杂的连接关系来模拟人脑神经元间的行为，映射任意复杂的非线性关系，因此，在预测领域得到了广泛的应用。神经网络具有高度的非线性运算和映射能力、自学习和自组织能力，能够以任意精度逼近函数。但是它也有一些需要解决的问题，利用神经网络的核心是对系统进行规律的提取，但如果预测用户的数据变化杂乱无章，预测可能就无法达到精度。因此，利用神经网络预测要先对数据的变化特点有一个大致的分析，只有这样，随后的建模预测才有实际意义。

刘渺通过对钢铁企业主工序煤气系统的发生和消耗特性进行了研究，找到了影响各用户煤气发生量和消耗量的主要影响因素。采用灰色关联度分析法计算了各分厂煤气发生量和消耗量与能源平衡报表中各指标之间的关联度，针对主工序煤气发生量和消耗量，提出采用神经网络法对关系复杂的工厂进行预测，采用回归分析法对关系简单的分厂进行预测，并以湘钢为例进行验证，得到的效果较好。但是由于很多钢铁企业无法得到各影响因素的数值，因此，此方法适用性不强，具有一定的局限性。

张琦等以钢铁企业高炉煤气系统为研究对象，采用灰色关联度分析了高炉煤气产生量、消耗量的影响因素与煤气量的关系，基于神经网络的预测方法，建立了高炉煤气 BP 神经网络预测模型，对钢铁企业各生产工序中高炉煤气的产生量与消耗量进行预测，讨论了企业在正常生产、事故检修等工况下各工序的煤气产生量和消耗量预测的合理性。

邱东等针对高炉煤气的生产工艺，建立了基于 BP 神经网络的高炉煤气消耗预测模型，并用 Matlab 进行仿真，得到的模型预测误差降低，达到了精度要求，可以作为煤气调度和煤气平衡的参考依据，还提出了高炉煤气综合优化的方法。

⑥ 其他相关研究。

热冰娣依据27家重点钢铁联合企业的统计数据对我国钢铁企业未来的富余煤气量进行了预测，指出了煤气资源化的重要性，但是只是一种粗略的、静态的预测[28]。

李文兵等分析了钢铁企业煤气发生和消耗的特点，针对每种煤气的发生设备和消耗用户，分别建立了煤气产出和消耗动态模型，并以实例进行了计算。

聂秋萍、熊永华等人针对煤气自动平衡和数据校正做了相关研究，能够对各个用户的煤气用量进行数据校正，并能自动平衡煤气的总发生与总消耗计量。

梁青艳对影响煤气供需流量的因素做了定性分析，针对煤气影响因素复杂多变的特性，提出了一种短期分段预测建模方法，基于所建模型设计了预测仿真平台，并进行了仿真测试和效果分析，为优化调度方案的实施提供了基础数据。

济钢采用一种基于柜位预测的钢铁企业煤气动态平衡实时控制方法，并申请了专利。

综上所述，所有研究都是集中在对钢铁企业煤气系统的发生量、消耗量进行的预测，其中更多的是运用各种动态预测方法对煤气系统的产生和消耗进行建模预测，但研究仍处于初级阶段，且大多数用于报表平衡，而对于自备电厂富余煤气供入量的动态预测还未见到。

（3）锅炉负荷波动频繁，人工调度滞后性强，调度方式不合理。

自备电厂煤气系统优化调度的目的是在保证煤气质量和数量的基础上，通过动态优化调整，有效避免在煤气过剩或不足的状况下出现煤气放散或者锅炉低效运行，使得煤气管网压力相对稳定，提高煤气利用效率，从而降低外购其他燃料（如煤和石油），达到钢铁企业节能减排，降低成本的目标。

我国各大钢铁企业还没有完善的能源管理体系，锅炉与汽轮机之间耦合关系复杂，机组负荷分配和机炉协调运行等方面采用人工经验调度，存在严重的滞后性，运行人员只能频繁手动调节锅炉负荷来实现操作，整个电厂运行效率低，准确性差，其中最为明显的就是煤气系统。因此，如何利用有效的调度手段实现自备电厂煤气的优化利用至关重要。目前，除了大型钢铁企业外，对于钢铁企业自备电厂的调度都是将其纳入整个钢铁企业调度系统来考虑的，动态平衡往往通过观测能源数据的异常情况进行人工调度，调度人员根据个人经验给出能源调度方案，并没有具体的平衡公式或调度模型，自备电厂对煤气供入量没有进行数据分析以及自动平衡，调度方式相对粗犷；用了什么方法、用了哪些数据，调度结果的好坏与调度人员的素质、责任、情绪息息相关。因此，无法得知平衡过程中具体的调度方式，调度结果的可靠性差。当煤气系统工况复杂时，调度人员由于自身条件的限制、调度能力有限，往往难以给出最优的调度方案，导致工况不能及时给予解决。有些企业煤气流量的平衡与各个单位的经济核算挂钩，因此，平衡过程中会出现相当的经验主义和煤气流量分配特权，导致了平衡中的人为因素过多，平衡的结果不客观、不科学。

基于自备电厂煤气系统调度中存在的问题，前人在相关方面主要采用数学规划法、启发式算法、仿真算法等，对其研究总结如下：

① 数学规划法。

国内学者现在只是意识到了煤气系统优化调度对钢铁企业的必要性和重要性，然而对具体的调度算法及模型建立还不够成熟，在逐步深入研究中，结合钢铁企业煤气的特点，对于钢铁企业煤气优化调度的研究，运用最多的是数学规划算法。目前，国内外已有学者在煤气系统优化调度研究中，考虑了煤气柜中煤气量的波动以及缓冲用户设备操作改变等因素造成的成本损失。在国外，Akimoto 等人在 1991 年首次提出了采用混合整数线性规划（MILP）法对煤气柜的水平进行控制来优化分配煤气。Sinha 等采用 MILP 法来优化资源配置，从而达到利润最大化，考虑了多周期之间的锅炉启停费用来解决多周期优化问题。Kim、张琦、孔海宁等在本领域也做了研究，其目标为多周期的成本最小化。他们定义的成本包括燃料费用和惩罚费用的总和，同时考虑了煤气柜的波动和煤气的分配问题，提出了根据单位处罚价格改变而变化的数学模型。

钢铁企业煤气系统的优化调度与炼油企业的瓦斯系统和蒸汽系统的优化调度有很多类似之处：它们都是生产过程中产生的富余气体，可作为二次能源继续用于实际生产中。通过对其动态优化调度，可以减少其放散，提高燃气利用效率，从而使生产成本达到最小化。因此，对煤气系统的研究可以适当借鉴炼油企业瓦斯系统和蒸汽系统的优化调度研究。对于炼油企业瓦斯系统，大多数学者采用数学规划法来解决优化调度问题。Nath、Lee、Ueo 等将混合整数线性规划法引入公用工程系统求最优解，并开发了运行优化软件，使系统可以更加有效地运行。2002 年，Strouvalis 等用改进的分支定界算法对蒸汽动力系统设备的最优维护问题进行了研究，计算量得到了显著减少，收敛速度得到了很大提高。Zhang and Hua 用 MILP 方法对炼油厂的蒸汽系统进行优化，重新确定了能源消耗模型，实现了蒸汽和瓦斯系统的共同优化，并将结果运用到实际生产中。Francisco 和 Matos 对Grossmann 建立的蒸汽动力系统多周期最优设计与运行模型进行了扩展，建立了多目标模型，并采用五步法进行优化求解。

张冰剑、梁彬华、李树文等采用数学模型及软件开发等手段对石化企业蒸汽、瓦斯系统进行了研究，从生产工艺的角度对瓦斯系统的工艺流程做了细致的分析，确立了工艺改进和流程改造的方向，但没有实现真正意义上的优化。

② 启发式算法。

除了用数学规划法以外，也有学者尝试用启发式规则算法对煤气系统进行研究。张建良、王妤以低热值高炉煤气-蒸汽联合循环发电装置作为钢铁企业煤气平衡系统的缓冲用户，建立了钢铁企业新的煤气平衡，并实现了煤气热值的优化利用模型。文中通过一种煤气调配流程图，基于规则进行调度：各种煤气首先保证相应热值用户的需求，在平衡的情况下，考虑煤气调配；当煤气供应不足时，首先考虑煤气替代方案、煤气混合替代方案，若不存在合理的替代方案，则调减其用户；当煤气供应过剩时，首先考虑是否有其他煤气用户需要其替代，在没有的情况下进入燃机系统。

③ 仿真算法。

　　此外，在仿真算法的研究方面，很多研究致力于类似煤气系统的蒸汽系统方面。柯超等针对煤气的调度问题，提出了建立煤气调度仿真系统，但是一些实时方面的仿真还有待改善。曾玉娇结合仿真需求，对钢铁企业各个子系统中的重要设备建立了蒸汽系统信息模型。在国外，Grish Bhave对蒸汽仿真系统做了比较深入的研究，他指出蒸汽系统中存在着很多变量，并且这些变量之间存在着很复杂的耦合关系，这些关系使优化管理锅炉及蒸汽系统变得十分困难，并且开发了蒸汽系统仿真软件。

　　目前，对于锅炉优化调度问题，国内外众多学者主要是针对石化企业蒸汽动力系统、燃煤燃气发电厂等领域，对钢铁企业研究煤气柜与锅炉之间的煤气系统分配问题，而针对钢铁企业自备电厂煤气系统的预测和调度同时考虑却鲜有报道。基于此，本书在对自备电厂煤气供入量合理预测的基础上再对其煤气系统进行优化调度，以减少煤气的排放，达到煤气的供需平衡。

1.4　研究内容与创新点

1.4.1　研究依据

　　目前，国内外对钢铁企业煤气系统研究较多，蔡九菊、韩明荣、孙贻公等人结合具体钢铁企业的实际生产状况，从理论上指出实现煤气系统平衡的措施。国外关于煤气供需平衡的研究大多是建立在能源模型的基础上，而且很多也是通过对所研究企业煤气系统的调查后，从煤气供应、使用方面进行分析。上述研究均是针对某一具体钢铁企业出现的煤气供需平衡问题进行的分析，归纳为：

　　（1）钢铁企业煤气系统不平衡的两大原因：一方面是煤气系统结构不平衡，即静态不平衡；另一方面是煤气系统动态不平衡。而造成这两个不平衡的关键是自备电厂机组配置不合理和自备电厂煤气系统优化调度不合理。针对静态不平衡问题，前人也做了很多的研究，但是基本都是停留在理论层次，一般都是根据正常生产工况下利用富余煤气量配置机组，而忽略了煤气波动的因素，机组配置偏大，提高了能源利用效率，但是降低了煤气的缓冲能力，机组运行效率低；机组配置偏小，煤气放散，降低了能源利用效率，导致机组配置不合理。

　　（2）前人采用各种预测方法对煤气发生量和消耗量进行预测，但是仅仅是针对其中某种煤气或者某个消耗用户，还没有形成通用的体系。而对于自备电厂煤气供入量的预测还未见到。如果将煤气供入量的预测作为自备电厂优化调度的基础和前提，那么随之而来的问题就是应该用什么方法对其进行预测。对自备电厂煤气系统而言，由于煤气系统产生机理复杂，影响自备电厂煤气供入量的因素众多，且煤气供入量又具有一定的关联性、时延性和随机性，而这种随机性又使煤气供入量序列间的关联性减弱，这就决定了煤气供入量的预测难度大，煤气流量值不能准确地预测，而只能从统计意义上做出最优预测，最终使预测误差的均方值满足一定的精度要求。因此，本书基于自备电厂煤气供入量变化的特点及预测难度，选择时间序列的方法对煤气供入量进行预测，为后续自备电厂煤气系统的优化调度奠定基础。

（3）预测是调度的基础，而日常却经常将预测和调度分开考虑。对于待优化的煤气系统，往往将煤气的输入部分假设为已知，这与实际生产是不相符的，其实这部分数据不仅是未知的，而且会根据生产过程有很大的波动。如果假设为已知，就不能对煤气系统进行实时优化。在建立煤气优化调度模型时，很多学者只针对煤气的部分系统进行研究，比如只是针对煤气在煤气柜和锅炉中的煤气分配，而没有考虑锅炉负荷在燃料分配中的变化情况对系统的优化调度结果会产生较大的影响，但这些都是研究中需要考虑的；同时，目前在国家大力提倡可持续发展的形势下，对废物排放也开始采取了相应的惩罚措施加以治理。钢铁企业的能耗巨大，对环境污染极其严重，而前人的优化研究往往是出于生产经济性的角度去考虑，而忽视了环境污染问题带来的成本。因此，本书建立了考虑环境因素的自备电厂煤气系统优化调度模型，该模型包括锅炉燃料费用、设备的启动费、停运折旧费、环境成本等费用。通过科学的方法合理调度各机组的负荷，以提高自备电厂的发电效率，实现燃料和负荷合理分配，降低钢铁企业的煤气放散量，充分合理地利用富余的煤气资源，达到钢铁企业节能减排和降低生产成本的目的。

1.4.2　研究内容

目前，国内外学者对钢铁企业煤气预测及优化调度做了许多工作，但仍存在不足或不完善的地方；而对钢铁企业自备电厂煤气系统的研究，国内外还没有一套比较系统的理论体系。本书针对钢铁企业自备电厂机组配置不合理的问题，建立了自备电厂机组配置优化模型；针对自备电厂煤气系统优化调度不合理的问题，建立了煤气供入量预测模型及煤气系统优化调度模型。本书致力于解决以下几个方面的问题：

（1）针对钢铁企业自备电厂机组配置不合理的问题，建立了自备电厂机组配置优化模型。建立模型前，首先对钢铁企业富余煤气的统计特性和规律进行研究，在其特性的基础上综合考虑煤气放散、发电方式、锅炉最佳运行负荷、环境成本对自备电厂机组优化配置的影响，在煤气平衡、锅炉运行、CCPP 机组运行等约束下，运用 LINGO 软件对所建立的线性规划模型求解，得到保证环境成本和总利润协同优化后的自备电厂机组最优配置，并利用钢铁企业实际数据对所建模型进行验证。

（2）针对钢铁企业自备电厂煤气供入量关联性、随机性、延时性等特点所造成的煤气供入量难以准确预测问题，建立了自回归移动平均和自回归条件异方差相结合的时间序列预测模型，其特点是使平滑误差项的方差达到最小；预测后结合概率分布对预测模型残差序列进行统计分析，将所建模型应用于实际企业进行验证，得到模型的预测精度较高，可用于指导实际生产。

（3）依据自备电厂锅炉负荷频繁波动的特点及煤气供入量的预测结果，考虑国家对企业污染物排放的处罚，将"环境成本"的概念引入钢铁企业自备电厂煤气系统中，构建基于环境成本的自备电厂煤气系统多周期混合整数非线性规划（MINLP）优化调度模型，以全周期内的总运行成本最小化为目标，综合锅炉经济负荷运行、环境成本、锅炉启停、燃料消耗对模型的影响进行优化调度，并在计算过程中充分考虑物料平衡、能量平衡、锅炉操作、锅炉运行、污染物排放等对模型的约束，保证锅炉负荷在最佳负荷区域运行或靠近经济区域运行的前提下，实现锅炉负荷、燃料的合理调度，改变了以往调度滞后、人为决定因素大的缺陷。将模型应用于实际企业，证明了所建模型的合理性和有效性，有效提高了企业的经济效益和环境效益。

1.4.3　研究创新点

本书的创新性在于：

（1）建立了钢铁企业自备电厂机组配置优化模型。基于钢铁企业煤气系统静态不平衡这一关键瓶颈环节入手，重审煤气系统的结构性不平衡问题。依据富余煤气的统计特性和变化规律，在模型建立的过程中综合考虑了煤气放散量、环境成本、CCPP的机组能力、机组容量、机组最佳负荷率对模型求解的影响，在煤气系统平衡、锅炉运行、CCPP运行等约束条件下，用LINGO软件进行寻优求解，得到自备电厂机组配置最佳方案。此模型改变了自备电厂作为缓冲用户作用发挥不充分的现状，提高了自备电厂煤气系统利用率，可避免煤气放散带来的环境污染，为钢铁企业自备电厂机组配置提供了一种新思路。

（2）建立了一种适合钢铁企业自备电厂煤气供入量的预测模型。由于煤气供入量特性，尤其是煤气波动的随机性会使煤气供入量序列之间的关联性减弱，无法准确地进行预测。本书提出在建立ARMA时间序列主体预测模型的基础上，针对随机扰动项建立ARCH时间序列辅助预测模型，其特点是使平滑误差项的方差达到最小，确保预测模型达到一定的精度要求；从统计学角度融合拟合分布的方法结合实际生产对预测模型的残差项进行了分析。同时，改变自备电厂以往没有合理的预测手段、仅凭人工经验判断煤气供入量趋势的模式缺陷，为后续自备电厂煤气系统的优化调度奠定基础。

（3）建立了一种钢铁企业自备电厂煤气系统的优化调度模型。锅炉是自备电厂产生污染物的主要来源，结合目前存在的自备电厂煤气系统调度方式粗犷、调度不合理的问题，提出了基于环境成本的多周期混合整数非线性规划煤气系统优化调度模型。通过最小二乘法对锅炉负荷的特性进行辨识，根据实际运行工况、锅炉燃料消耗与锅炉负荷的模型特征求解得到锅炉运行的经济负荷。创新性地将环境成本的概念引入自备电厂煤气系统，并在调度中充分考虑了物料平衡、能量平衡、锅炉操作及稳定运行等方面对模型优化调度的约束，运用改进粒子群算法提高模型求解的收敛速度和寻优能力，得到自备电厂煤气系统锅炉燃料、负荷的最佳调度方案，为自备电厂煤气系统提供定量的计划调度指导。

2 钢铁企业自备电厂机组优化配置研究

煤气是钢铁企业最重要的二次能源，一个企业煤气产量的高低及煤气发生量与消耗量之间的平衡程度，对钢铁企业的生产成本和能源消耗影响极大。钢铁企业煤气系统存在的主要问题就是静态不平衡和动态不平衡。动态平衡固然重要，但是静态平衡是基础，所以首先要做好静态平衡。对于煤气系统静态不平衡，即煤气系统结构不平衡，造成这种不平衡出现的主要原因是自备电厂机组配置不合理。目前，企业大多是根据企业正常生产情况下富余煤气的多少来确定自备电厂机组的配置，机组配置不是偏大就是偏小，这样必然会造成煤气放散或者机组运行效率下降对整个煤气系统价值的影响。基于这种状况，本章提出钢铁企业首先根据富余煤气的历史数据来重点研究其统计特性及规律，基于富余煤气的统计特性确定最大富余煤气量，以最大富余煤气量为基础，并结合企业的实际生产状况，综合考虑不同发电方式、煤气放散量、锅炉经济负荷等因素对机组配置的影响，建立自备电厂机组配置优化模型，合理确定机组配置情况，充分发挥自备电厂作为主要缓冲用户对煤气系统调节平衡的作用，改变以往人们对钢铁企业不平衡的认识。

2.1 钢铁企业自备电厂煤气系统静态平衡分析

钢铁企业煤气系统的静态平衡是根据生产和检修计划，预测一段时间内的能源供应需求，并制订相应的能源生产供应计划，从而达到预测性平衡。因此，静态平衡预测的准确与否直接为整个企业煤气系统的动态调度提供依据，它是煤气系统的导向和总体设计。在企业发展和生产过程中根据建设进度和生产计划同步编制好煤气系统静态平衡，在重大项目的可行性研究、规划和初步设计等阶段设计也应该同步做好煤气系统静态平衡。

2.1.1 煤气系统静态平衡存在的问题

钢铁企业煤气系统静态平衡计划的编制并没有具体的平衡公式或是平衡模型，管理员往往凭借经验进行平衡，煤气用户无法得知平衡过程中具体使用了什么方法、利用了什么数据，平衡过程涉及的人为因素过多，导致编制的平衡方案在一定情况下不是最优的方案。煤气系统动态平衡和静态平衡两者之间是相辅相成的，钢铁企业煤气系统只有在保持静态平衡的基础上，才能保证煤气系统实现动态平衡[35-36]。

煤气系统的缓冲能力不足或者过剩都将对整个煤气管网产生很大的影响，很多企业高炉煤气柜、焦炉煤气柜建于早期，与当时钢产量和小时煤气总流量相匹配，但随着企业整改扩建工作的完成，钢产量和小时煤气流量都会比之前提高很多，而煤气柜没有得到相应的改造，难以发挥减缓煤气总管网压力及流量的作用，同时企业煤气总管网由于发生和使用的不平衡造成管网内的煤气压力均高于煤气柜压力，使煤气柜不能发挥其作用，只是简单地作为存储柜使用，主要还是要靠自备电厂缓冲波动的煤气；尽管自备电厂锅炉作为大部分企业的主要缓冲用户，但实际生产中由于没有准确的煤气供入量预测系统，调度员无法科学地实施煤气系统的合理调度，并且锅炉操作存在着滞后性，一般约为半小时，所以很难平衡管网中煤气的瞬时不平衡[37]。

2.1.2 重审钢铁企业煤气系统不平衡问题

目前，随着钢铁企业规模的扩大、技术的进步，对节能减排的重视程度越来越高，钢铁企业的富余煤气日益增多。实际上，钢铁企业煤气供需平衡不是一种简单的静态平衡，还需考虑到供需的动态平衡，既要考虑到高炉休风、转炉间歇式生产对用户的影响，又要考虑煤气用户的设备检修和事故对煤气平衡的影响。因此，煤气供需的稳定和缓冲用户对富余煤气合理的缓冲能力是减少煤气放散、充分体现机组运行价值的重要条件，企业更为关心和重视的是煤气系统存在的动态问题，而忽略了煤气系统结构不平衡问题，同时煤气系统存在的动态问题解决的还不够完善，导致钢铁企业煤气系统存在着严重的不平衡。

目前，钢铁企业往往是根据正常生产情况下富余煤气的多少来配置自备电厂机组大小，但在实际生产中，机组是绝不会一直处在正常生产区域的，由于高炉热风炉换炉、焦炉蓄热室切换、临时检修等原因导致煤气变化量极大。因此，传统配置机组结构没有顾及煤气量的变化状况，以及整个生产过程中出现的各种工况及事件，导致煤气量波动频繁，机组配置不是偏大就是偏小。机组配置偏大，出现"大马拉小车"的现象；机组配置过小，富余煤气无用户或者利用不充分，煤气只能放散，机组处于低效率运行区域，导致整个系统价值降低。因此，看似是煤气系统动态不平衡，实质上是机组配置不合理引起的静态结构不平衡所致，意味着自备电厂没有充分发挥其缓冲作用，导致整个煤气系统出现不平衡[38]。

　　基于这种由于机组配置不合理造成的煤气系统不平衡状况，本书提出基于企业富余煤气的统计特性规律，通过建立钢铁企业自备电厂机组配置优化模型，达到降低煤气放散、保证煤气系统平衡、提高发电效率的目标。因此，首先对自备电厂富余煤气量的统计特性进行研究。

2.2　自备电厂富余煤气量的统计学特性

　　实际生产中，由于煤气产生量、消耗量的波动会引起富余煤气量大幅度波动，造成煤气管网压力频繁波动。事实上，许多自然现象都有一定的分布规律，钢铁企业富余煤气量在生产过程中也有其分布规律的。为此，本书分别利用概率分布和相关性分析对某钢铁企业富余煤气量统计特性和规律进行了研究，证明富余煤气基本符合正态分布，为后续建立自备电厂机组配置优化模型中的影响因素提供理论依据。

2.2.1　研究方法

1. 概率分布

　　概率分布是概率论的基本概念之一，用以表述随机变量取值的概率规律。而正态分布是一种重要的连续型随机变量的概率分布，这一分布规律普遍存在于生物现象中。

　　正态分布的概率密度函数通用公式：

$$f(x) = \frac{1}{\sqrt{2\pi}} e^{\frac{(x-\mu)}{2\sigma^2}} \tag{2-1}$$

其中，μ 为均值；σ 为标准差[39]。

　　本章选用如下几个变量作为系统性能的衡量指标：

（1）算术平均值 $\bar{x} = \dfrac{1}{n}\sum\limits_{i=1}^{n} x_i = 1$ 作为基准量来衡量，而中位数 M_d 是将数据由小到大排序后位于中间位置的数值，表示数据的集中趋势，当所获得的数据资料呈偏态分布时，中位数 M_d 的代表性优于算术平均值。

（2）标准差定义为 $S = \left[\dfrac{1}{n-1}\sum\limits_{i=1}^{n}(x_i - \bar{x})\right]^{\frac{1}{2}}$，它是各个数据与均值偏离程度的度量[40]。标准差的变异系数 $s/\bar{x}$，是一个衡量相对波动大小的无量纲统计量，其中 s 表示标准偏差。平均值 $\bar{x}$ 为 1，因此标准差的变异系数 $s/\bar{x}$ 和标准差 S 相等。从标准差 S 及其变异系数 $s/\bar{x}$ 的计算结果可以看出数据的变异程度。

（3）极差 R 是 $x = (x_1, x_2, \cdots, x_n)$ 的最大值与最小值之差，可以反映变量分布的变异范围和离散幅度，极差越大，离散程度越大；反之，离散程度越小。

2. 相关性

"相关性"这一概念源于统计学理论，主要在于揭示事物之间的关联性。由于富余煤气量和时间存在一定的关系，且随着时间的变化富余煤气量之间也存在着一定的关系，那么要想找到其中的关联性，只有经过相关性分析来衡量它们之间的相关密切程度，并且判断其运行趋势才能做到[39]。

2.2.2 实例分析

本节以某钢铁企业富余煤气量统计数据为例，根据概率统计的方法及相关性分析探索了富余煤气量的普适性规律。以企业一年日平均富余量为基准 1，将富余煤气量进行归一化处理，以 X_i 表达。由于某些原因导致原始数据序列中某些数据缺失或者数据变化异常，因此首先剔除这些无效数据，得到此钢铁企业 2009 年 12 月—2010 年 11 月富余煤气量的统计统计情况，如图 2.1 所示。

由图 2.1 可见，此钢铁企业富余煤气量具有较强的随机性，为此首先通过概率统计对富余煤气量的整体情况进行分析。根据此钢铁企业现有的富余煤气量统计数据，将富余煤气量采样数据结合企业的实际生产状况按照四个季度分为四个不同区间，如表 2.1 所示。

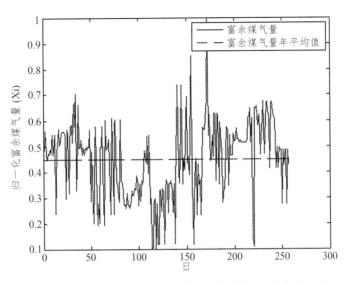

图 2.1 2009 年 12 月—2010 年 11 月某钢厂富余煤气量

表 2.1 时间-区间对应

时间段	2009.12—2010.2	2010.3—2010.5	2010.6—2010.8	2010.9—2010.11
区间	1	2	3	4

　　基于概率论理论，将各区间富余煤气量统计数据的中位数 M_d、标准差变异系数 $s/\bar{x}$ 和极差 R 作为煤气平衡系统统计特性的基本衡量指标，得到的结果如表 2.2 所示。通过对原始富余煤气量计算得出算术平均值 $\bar{x}$ 为 0.482 8，由表 2.2 得到，煤气富余量出现极小的情况时，最大极差为 0.8919，达到平均值的 8.9 倍。当中位数越大、标准差变异系数越小、极差相对较小时，煤气系统的平衡性能相对较好。从这个角度综合考虑可以得到 1 区煤气平衡系统的性能最好，3 区煤气平衡系统的性能最差。

表 2.2 某钢厂富余煤气量的基本统计量

衡量指标	1	2	3	4
中位数	0.731 6	0.686 3	0.478 7	0.517 0
标准差变异系数	0.483 4	0.600 9	0.744 2	0.502 7
极差	0.645 1	0.725 0	0.862 0	0.891 9

1. 不同区间富余煤气量的概率分布

　　根据此钢铁企业现有的富余煤气量统计数据，将日富余煤气量的分布概率整理如表 2.3 所示。F（$0 < x < 0.25$）表示日煤气富余量出现在区间[0，0.25]的概率，F（$0.5 < x < 1.0$）表示日煤气富余量出现在区间[0.5，1.0]的概率，同理可推出其他。由结果可知，全年日富余煤气量出现在区间[0.25，0.75]的概率占 89.3%，出现在区间[0.75，1]的概率占 2.1%。

表 2.3　2009 年 12 月—2010 年 11 月富余煤气量的分布概率（%）

分布	F（$0 < x < 0.25$）	F（$0 < x < 0.5$）	F（$0 < x < 0.75$）	F（$0 < x < 1.0$）
概率	8.5	63.25	97.86	1

选用各种概率分布形式对日富余煤气量的概率分布进行拟合，从逼近实际分布的程度来说，富余煤气量的概率分布符合正态分布。

根据此钢铁企业富余煤气量的统计数据，计算并拟合正态分布公式中的各个参数，其拟合结果如表 2.4 所示。在正态分布概率密度函数的参数中，参数 μ 表示各个区间的平均富余煤气量，参数 σ 表示生产过程中的生产稳定性。

表 2.4　正态分布的概率密度函数对应各个参数结果

参数	1	2	3	4
μ	241 140	203 220	171 600	241 820
σ	48 166	66 667	70 577	68 438

将富余煤气量数据计算的实际概率分布（直方图）以及利用正态分布拟合的概率分布（曲线）绘制，如图 2.2（a）~（d）所示，可以得到 4 个区间富余煤气量概率分布的一般性规律：日富余煤气量的分布可以由正态分布进行描述，其主要特点是根据日平均煤气富余量 μ 为对称轴，σ 越小，表示生产过程中的稳定性相对较好，相应曲线越瘦高。反之，σ 越大，稳定性越差，曲线越扁平。因此，由图 2.2（a）~（d）可看出 $\mu_4 > \mu_1 > \mu_2 > \mu_3$，$\sigma_1 < \sigma_4 < \sigma_2 < \sigma_3$，即表示 4 区的日平均煤气富余量最多，3 区的日平均煤气富余量最少，反映了不同区间生产过程中生产能力的状况。1 区生产过程稳定性最好，波动小，3 区生产过程稳定性最差，波动大些。主要因为 3 区对应着 6~8 月的富余煤气生产数据，由于企业冬夏季煤气使用量差异大、季节性调节用户少，冬季需要对炼焦煤、烧结矿等进行解冻，还需要对管道、设备进行加热保温等，而夏季这些用户不再使用煤气，并且也没有其他煤气用户。通过本节数据分析可知，富余煤气量的不均匀性表现在

生产过程中工况的复杂性、用户使用的季节性等各项因素，其值变化幅度为 $0 \sim 8.9$ 倍，日最大煤气富余量分布不是在平均值附近的两边衰减，而是在区间 $1.5 \times 10^5 \sim 2.3 \times 10^5 \, \mathrm{m^3/h}$ 之间出现最大煤气富余量值并向两边衰减。日富余煤气量主要集中在[0.25，0.75]，出现概率为 89.3%。

2. 不同概率区间富余煤气量的概率分布

根据上述分析结果可知，日富余煤气量出现在区间[0，0.25]的概率为 8.5%，日富余煤气量出现在区间[0.25，0.5]的概率为 54.75%，而出现在区间[0.5，0.75]的概率为 34.61%。本节分别对日富余煤气量位于区间[0，0.25]和[0.25，0.75]的概率分布情况进行分析。

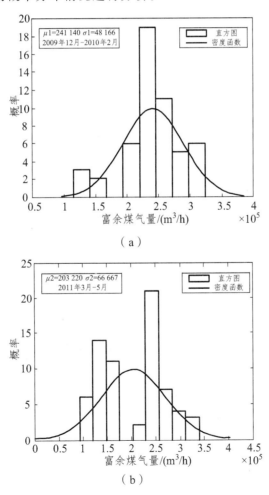

（a）

（b）

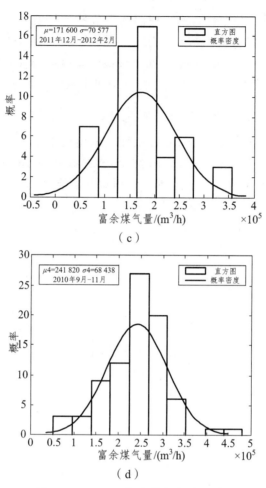

图 2.2　1—4 区富余煤气概率分布

图 2.3 给出了日富余煤气量位于区间[0, 0.25]的概率分布情况，从计算结果可以看出，在 7 月份出现富余煤气量大于 0 的概率最大，8、9 月份次之，在 4、5 月出现的富余煤气量较小，在剩下的月份出现的富余煤气量大于 0 的概率几乎为 0。

图 2.4 是富余煤气量位于区间[0.25，0.75]的概率分布情况，柱状图表示日富余煤气量位于[0.25，0.75]在横坐标某个时间段出现的概率。在 2009年 12 月份、2010 年 3~9 月份日富余煤气量出现在[0.25，0.75]的概率较大，说明其生产相对比较稳定，10~11 月份相对小些，1~2 月份最小，生产稳定性差。

综上所述，日富余煤气量位于区间[0.25，0.75]的概率较大，占89.3%。从理论上讲，如果用这部分煤气富余量配置自备电厂发电机组结构，可以避免生产状况变化较大时煤气的大量放散，而对位于区间[0，0.25]和[0.75，1]的这部分富余煤气加以适量处理，并借助预测方法，可以通过前后时间的合理调度，一定程度地平衡峰谷差，减少损失以及外购电力的消耗。基于这种思想，考虑根据富余煤气量服从正态分布的特点，以最大富余煤气量的多大比例配置发电机组可以使煤气放散最少，机组运行效率最佳，企业环境成本最低，锅炉在最佳负荷率运行，并且得到相应的机组优化配置结构。

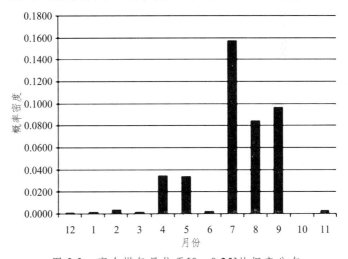

图 2.3 富余煤气量位于[0，0.25]的概率分布

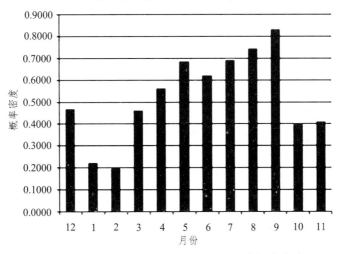

图 2.4 富余煤气量位于[0.25，0.75]的概率分布

3. 富余煤气量的自相关函数

为了考虑随机性强的富余煤气量在时间上是否相关，需分析煤气富余量的相关性。其自相关系数[40]：

$$\rho_x(r) = \frac{\dfrac{1}{N-r}\displaystyle\sum_{t=1}^{N-r}[x_t - \mu_x][x_{t-r} - \mu_x]}{\sigma_x^2} \tag{2-2}$$

式中，$r=1$，2，3，…，$N-1$，其中 N 代表样本的个数；x_{t-r} 是 x_t 时移 t 后的样本；μ_x 是样本均值；σ_x 是样本标准差。

以此钢厂实际数据为例，考虑样本自相关系数，如图 2.5 所示。

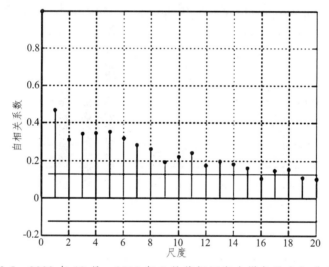

图 2.5　2009 年 12 月—2010 年 2 月某钢厂富余煤气量自相关系数

由图 2.5 可以看到，富余煤气量按日计量具有较强的随机性，通过 Matlab 计算富余煤气量的自相关系数时，其值所在区间为[0，0.43]，富余煤气量之间属于正相关，且波动变化不大，表示富余煤气量之间的关联性和相互依赖程度大。因此，要对煤气供入量进行预测，必须考虑富余煤气量之间的关联性、随机性，为后续自备电厂煤气供入量预测提供理论依据。

2.3　自备电厂机组配置优化模型

2.3.1　模型建立的思想

发电方式和机组选择的正确与否是从静态上衡量一个自备电厂利用水

平合理性的重要指标。随着节能技术的发展，钢铁厂的富余煤气量越来越多。研究发现，富余煤气是随着煤气产生与使用过程的变化而变化的，宏观上符合正态分布的规律，但是到底用多少富余煤气量来配置自备电厂的机组能力未见报道。机组容量选择过大，富余煤气不足，机组运行时间缩短，机组作业率降低；机组容量选择过小，缓冲用户的缓冲能力不足，又会造成煤气放散，如用户的检修、季节变化造成冬季煤气紧张、夏季煤气富余等。基于此，本章提出以钢铁企业最大煤气富余量为基准，建立优化模型以确定自备电厂机组的最优配置。优化模型建立的前提是确定最大煤气富余量，再根据企业的规模选择企业自备电厂的发电方式，并综合生产过程中燃料燃烧及煤气放散对环境成本的影响，保证锅炉在最佳运行负荷运行，考虑放散量对生产总成本的影响，同时还要考虑建立 CCPP 机组的大型钢铁联合企业对富余煤气量的要求原则，综合上述要求，建立自备电厂机组优化配置模型。

1. 最大煤气富余量的确定

由于钢铁企业生产过程中的稳定性差，造成煤气的发生量和消耗量随时间变化很大，所以必须以单位时间对煤气富余量进行研究。本章是以小时为单位时间对煤气富余量进行研究，即每小时钢铁企业煤气的产生量扣除主工序（包括焦化、烧结/球团、炼铁、炼钢、热轧、冷轧等）消耗量后剩余的煤气量。定义第 k 种煤气的小时富余量为

$$q^{a-k}(t) = \sum_{i=1}^{m}\sum_{j=1}^{n}q_{i,j}^{r-k}(t) - \sum_{i=1}^{m}\sum_{j=1}^{n}q_{i,j}^{\xi-k}(t) \tag{2-3}$$

式中　　$q_{i,j}^{r-k}(t)$ ——第 i 工序第 j 生产单元回收的第 k 种煤气量，Nm^3/h；

$q_{i,j}^{\xi-k}(t)$ ——第 i 工序第 j 生产单元消耗的第 k 种煤气量，Nm^3/h。

该值为瞬时量的均值，考虑到实际生产中煤气系统的波动，必然存在最大值与最小值。如高炉装料开启料钟时瞬时的波动，当维修、维护高炉设备时，在高炉冶炼过程中发生故障以及出现一些不正常的现象（如待焦、待料、停电、停水）时，高炉将被迫减风或休风，引起高炉煤气产生量不同程度的下降甚至停止产生煤气。再如，转炉生产是间断性的，在吹炼过程中，煤气产量是波动的，吹炼初期和后期产量小，最大煤气产量一般产生于吹炼期的 1/2 ~ 2/3 区间内。综合考虑这些因素，确定煤气小时富余量的最大值和最小值为

$$q_{max}^{a-k}(t) = q_{max}^{\gamma-k}(t) - q_{min}^{\xi-k}(t) \qquad (2\text{-}4)$$

$$q_{min}^{a-k}(t) = q_{min}^{\gamma-k}(t) - q_{max}^{\xi-k}(t) \qquad (2\text{-}5)$$

式中　$q_{max}^{a-k}(t), q_{min}^{a-k}(t)$ ——第 k 种煤气的小时最大、最小富余量，m^3/h；

$q_{max}^{\gamma-k}(t), q_{min}^{\gamma-k}(t)$ ——第 k 种煤气的小时最大、最小产生量，m^3/h；

$q_{max}^{\xi-k}(t), q_{min}^{\xi-k}(t)$ ——第 k 种煤气的小时最大、最小消耗量，m^3/h。

2. 发电方式的选择

钢铁企业自备电厂到底应该采用哪种发电方式，如何选择，不仅要考虑第 1 章所述的三种不同发电方式的特点，而且需要结合企业自身的规模、富余煤气的统计特性及波动情况多方面确定。从钢铁企业自备电厂煤气利用的高效化、机组选择的合理利用优先顺序上，优先考虑将富余煤气用于热电转换效率高的装置，同时辅以效率低的燃煤掺烧煤气锅炉发电机组，最终实现煤气零放散。

（1）对于大型钢铁联合企业且煤气富余量较多时，优先选择 CCPP 发电方式，同时兼顾选择掺烧煤气燃煤锅炉-蒸汽轮机发电方式，一般不选择效率低且缓冲能力差的纯烧煤气锅炉-蒸汽轮机发电方式。

（2）对于中小型钢铁企业而言，需要根据企业的生产规模确定。对钢产量较高的企业优先选择 CCPP 发电方式，同时兼顾选择掺烧煤气燃煤锅炉-蒸汽轮机发电方式；对钢产量较低的企业优先选择掺烧煤气燃煤锅炉-蒸汽轮机发电方式，并可兼顾纯烧煤气锅炉-蒸汽轮机发电方式作为钢铁企业富余煤气的缓冲用户。

3. 煤气放散量的确定

实际生产中，煤气的产生量必然大于煤气的消耗量，如果没有合理的缓冲用户，煤气必然会放散。因此，在自备电厂配置机组时，要考虑煤气的放散情况。根据上一节研究得到钢铁企业生产过程中煤气富余量随着时间的变化符合正态分布的规律，结合数理统计理论和煤气合理利用的思想计算煤气放散量多少，对单位时间内煤气放散量考虑如图 2.6 所示。在实际生产中，假设企业用最大富余煤气量（C_{max}）配置发电机组，那么煤气不存在放散，但是机组配置过大，必然长期处于低效运行状态，这是不可行的。假设用 pC_{max}（表示一定比例的最大富余煤气量）配置发电机组，那么要考虑富余煤气的放散量，如图 2.6 中阴影部分所示。因此，在后续建立机组优化配置模型时要考虑煤气放散量产生的惩罚费用及煤气放散带来的环境成本对总生产成本增加的影响。

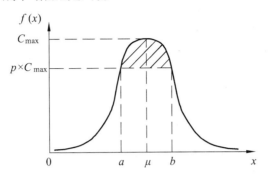

图 2.6　煤气放散单位时间正态分布示意图

通过企业调研采集统计期内各种煤气的富余量样本，根据统计学理论可以得到

（1）样本均值：

$$\overline{g}^{a-k}(t) = \frac{1}{n}\sum_{i=1}^{n} g_i^{a-k}(t) \tag{2-6}$$

（2）样本标准差：

$$S = \sqrt{\frac{1}{n-1}\sum_{i=1}^{n}\left[g_i^{a-k}(t) - \overline{g}^{a-k}(t)\right]^2} = \sqrt{\frac{1}{n-1}\sum_{i=1}^{n}\left\{[g_i^{a-k}(t)]^2 - n[\overline{g}^{a-k}(t)]^2\right\}} \tag{2-7}$$

由于 $\overline{g}^{a-k}(t)$ 为均值的无偏估计，S 为离差值的无偏估计，则均值为

$$\mu = \overline{g}^{a-k}(t) = \frac{1}{n}\sum_{i=1}^{n} g_i^{a-k}(t) \tag{2-8}$$

标准偏差为

$$\sigma = S = \sqrt{\frac{1}{n-1}\sum_{i=1}^{n}\left\{[g_i^{a-k}(t)]^2 - n[\overline{g}^{a-k}(t)]^2\right\}} \tag{2-9}$$

根据单位时间内富余煤气量与时间的关系呈正态分布，则 $X \sim N(\mu,\sigma^2)$，令 $x = g^{a-k}(t)$，那么单位时间煤气富余量的概率密度可表示为

$$f(x) = \frac{1}{\sqrt{2\pi}\sigma}\mathrm{e}^{\frac{(x-\mu)^2}{2\sigma^2}} \tag{2-10}$$

式中　$\overline{g}^{a-k}(t)$——第 k 种富余煤气的样本均值，m³/h；

　　　$g_i^{a-k}(t)$——第 k 种富余煤气的第 i 个样本，m³/h；

n——样本个数;

x——单位时间富余煤气量,m^3/h;

$f(x)$——单位时间富余煤气量出现的时间概率。

单位时间富余煤气量的累积概率可表示为

$$F(x) = \frac{1}{\sqrt{2\pi}\sigma} \int_a^b e^{\frac{(x-\mu)^2}{2\sigma^2}} \, dt \qquad (2\text{-}11)$$

由式(2-11)得到,富余煤气量随着变量 x 的变化而变化,当已知时间 a、b 及平均流量,即可求出 $[a, b]$ 时间内的富余煤气量。因此,图 2.6 中的阴影部分即煤气放散量可以表示为

$$F(x)' = \frac{1}{\sqrt{2\pi}\sigma} \int_a^b e^{\frac{(x-\mu)^2}{2\sigma^2}} \, dt - p \times C_{max} \times (b-a) \qquad (2\text{-}12)$$

式中　$p \times C_{max}$ 表示一定比例的最大富余煤气量,m^3/h。

4. CCPP 发电机组设计原则

CCPP 机组除了在启动时用少量轻柴油外,基本上是以煤气为单一燃料,机组容量选择过大,富余煤气不足,机组运行时间缩短,机组作业率降低;机组容量选择过小,又会造成煤气放散。所以需要根据企业富余煤气系统的实际数据及富余煤气符合正态分布的规律分析计算自备电厂配置CCPP 机组的能力,保证 CCPP 全年运转时间要求(如 7000 h)的煤气量,并且保证 CCPP 在运行过程中有稳定的煤气量供应,因此,在建立机组配置优化模型时,根据富余煤气随时间变化的分布曲线,考虑图 2.7 中的阴影部分作为 CCPP 机组的煤气使用量,然后根据 CCPP 机组的煤气使用量及所选 CCPP 机组热电转换效率确定机组容量。

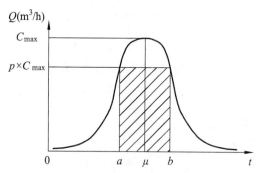

图 2.7　CCPP 富余煤气利用量正态分布示意图

通过企业调研采集统计期内各种煤气的富余量样本，当已知时间 a、b 及平均流量，根据统计学理论可求出 CCPP 机组的煤气使用量为

$$F(x) = p \times C_{\max} \times (b-a) \tag{2-13}$$

按照上述计算原则，如果 CCPP 没有用完钢铁厂全部富余煤气，多余的煤气还可以供给其他缓冲用户使用。从煤气供应观点看，CCPP 使用富余煤气具有相当大的操作弹性（50% ~ 110%）。另外，CCPP 的启动与停运也十分灵活，所以有相当大的缓冲煤气能力，或者说对煤气量的波动有相当的适应性。但另一方面，因 CCPP 的效率高，工厂要获取经济效益都会尽量维持 CCPP 全负荷运行，CCPP 的缓冲能力又不能很好发挥，所以工厂在安排 CCPP 作缓冲用户的同时，最好还有其他的煤气缓冲用户。

2.3.2 模型的假设

钢铁企业中，由于工况复杂多变，随之煤气的发生量和消耗量会频繁波动。因此，为了建立发电机组配置优化模型，本章做出如下假设：

（1）对同一机组，使用不同种煤气时不影响统计期内该机组的产能；

（2）在统计期内，各机组能耗水平及热工参数以当前运行水平为准；

（3）对自备电厂内各个相同用能设备，设其能耗水平及热工参数相同；

（4）锅炉燃料为煤气或者煤粉。

基于上述假设，建立了自备电厂煤气系统发电机组配置优化模型。

2.3.3 目标函数

建立钢铁企业自备电厂机组优化配置模型的目的是根据最大富余煤气量的一定比例，合理地确定机组容量及发电方式，减少煤气放散，降低环境成本。为此，模型的目标函数既要保证使环境成本与生产总利润的倒数乘积最小，又要使 Δk 最小，即保证环境成本和总利润在协同优化的前提下得到发电机组的最优配置结构。

$$\min k = C_{e,i} \times \frac{1}{M_i} \tag{2-14}$$

$$\min \Delta k = P_i - P_{i-1} \tag{2-15}$$

其中：

$$P_i = \frac{C_{e,i}}{M_i - C_{e,i}} \tag{2-16}$$

式中 $C_{e,i}$——生产过程中带来的环境成本，元；

M_i——生产过程中的总利润，元。

根据富余煤气服从正态分布的特性，依据实际生产情况分析：用小时最大煤气富余量配置机组时，机组容量偏大，锅炉长期处于低负荷运行状态，这本身就是一种资源的浪费，是一种低效的运行方式；用小时最大煤气富余量的小概率量配置机组时，机组容量偏小，长期会出现煤气无用户而只能放散的现象，也是一种低效的方式。为此，本书在建立优化模型前对配置机组对应的小时煤气量进行约束，令煤气量在 $60\%C_{max} \sim C_{max}$ 的范围内寻求全局最优解。

对 $C_{e,i}$ 和 M_i 的计算，具体如下：

1. 对 $C_{e,i}$ 的计算

在目前钢铁企业煤气系统总成本核算中，环境成本往往被忽视，这就造成了对煤气系统总运行成本的低估[41-43]，对于自备电厂，同样存在着同样的问题。因此，把环境成本考虑到自备电厂煤气系统中，不仅能得到系统对环境影响的真实客观反映，也能督促整个钢铁企业的可持续发展[44]。

（1）污染物环境价值标准（EVS）的确定：

环境成本根据其定义可以表示为[45]

$$C_{e,i} = \sum_j EV_j \times M_{emi,j} \qquad (2\text{-}17)$$

式中 EV_j——污染物 j 的环境价值，元/t；

$M_{emi,j}$——污染物的排放量，t。

环境价值是指污染物减排本身所蕴含的价值量，环境价值标准不等同于排污收费标准（PCS），排污收费只是环境价值的外在货币表现。虽然国家制定了统一的排污收费标准，但是排污收费远远小于污染物的环境价值。将污染物的收费标准与补偿度的比值定义为污染物的环境价值，如式（2-18）所示[42]。

$$EV_j = F_j / \varphi \qquad (2\text{-}18)$$

式中 F_j——污染物 j 的排污收费，元/t；

φ——排污收费对环境价值的补偿度，取 25%。

根据式（2-17）和我国对各种污染物的排污收费标准，换算得到各种污染物环境价值如表 2.5 所示。

表 2.5 参照国家排污收费标准对污染物环境价值估算结果

污染物	排污收费标准 /（元/kg）	补偿度 /%	环境价值估算 /（元/kg）
SO_2	1.26	25	5.04
NO_x	2.0	25	8.0
CO	0.25	25	1.0

在我国污染物收费标准中，没有 CO_2 气体的处罚，但这并不说明 CO_2 不是污染物，没有环境成本。目前，美国实行了排污权交易制度，将环境资源纳入市场，逐渐形成了一套环境价值标准体系[44-45]。将我国与美国的收费标准对比，用式（2-19）可以计算出 CO_2 相对于其他污染物的环境价值百分比，然后利用这个百分比计算出 CO_2 在中国的环境价值集合，取其中间值作为中国 CO_2 环境价值的估算值，估算结果如表 2.6 所示。

$$EV_{CO_2} = \text{mid}\left\{ EV_{j,CO_2} \middle| EV_{j,CO_2} = \frac{EV_{j,China}}{EV_{j,USA}} \times EV_{CO_2,USA} \middle| j = SO_2, NO_x, CO \right\}$$

（2-19）

式中　　EV_{CO_2}——估算的我国 CO_2 的环境价值，元/t；

EV_{j,CO_2}——我国污染物 j 的环境价值，元/t；

$EV_{j,USA}$——美国污染物 j 的环境价值，美元/t；

$EV_{CO_2,USA}$——美国 CO_2 的环境价值，美元/t；

mid——取中间值。

表 2.6 借鉴美国污染物收费标准估算我国 CO_2 环境价值

污染物	$EV_{j,USA}$ /（美元/t）	$EV_{j,China} / EV_{j,USA}$ /%	$EV_{j,China}$ /（元/t）	中国 CO_2 环境 价值估算 /（元/t）
CO_2	24			
SO_2	1 938	1.25	6 000	75
NO_x	8 370	0.29	8 000	23
CO	837	2.89	1 000	29

由式（2-18）和表 2.6 可以得出，我国 CO_2 的环境价值估算值为 23 元/t。

（2）自备电厂煤气系统污染物排放量的计算：

钢铁企业自备电厂是作为煤气缓冲用户消耗企业过剩的煤气资源，其自备电厂煤气系统的环境成本主要考虑以下三个方面：一是煤气放散带来的环境成本，主要是三种煤气排放的污染物带来的处罚费用；二是煤气燃烧后排放的废气（包括 NO_x、CO_2、CO 等）产生的处罚费用所增加的环境成本；三是掺烧煤气燃煤机组煤燃烧后排放污染物造成的环境成本。即

$$C_e = C_{e,emi} + C_{e,burg} + C_{e,burc} \quad\quad （2\text{-}20）$$

式中　　$C_{e,emi}$——富余煤气放散带来的环境成本，元；

$C_{e,burg}$——富余煤气燃烧后带来的环境成本，元；

$C_{e,burc}$——煤燃烧后带来的环境成本，元。

① 富余煤气放散后带来的环境成本。

当富余煤气发生放散时，处罚成本包括 CO 和 CO_2 排放的处罚，则

$$C_{e,emi} = C_{e,emi,CO} + C_{e,emi,CO_2}$$
$$= \sum_{t=1}^{n} \sum_{j} \sum_{g} \left(EV_j \times \frac{\alpha_j^g \times V_{emi,j}^g \times M_j}{22.4 \times 10^6} \right) \quad\quad （2\text{-}21）$$

式中　　$C_{e,emi,CO}$，C_{e,emi,CO_2}——富余煤气放散产生 CO、CO_2 的环境成本，元；

EV_j——产生第 j 种污染物的环境价值，元/t；

α_j^g——富余煤气 g 中污染物 j 的体积百分含量，%；

$V_{emi,j}^g$——统计期内放散富余煤气 g 中污染物 j 的体积排放量，m³；

M_j——污染物 j 的摩尔质量，g/mol。

② 富余煤气燃烧后带来的环境成本。

当富余煤气燃烧后产生的污染物主要是 CO_2，则

$$C_{e,burg} = C_{e,bur,CO_2} = \sum_{t=1}^{n} \sum_{g} \left(EV_j \times \frac{\beta_{CO_2}^g \times V_{emi,CO_2}^g \times M_{CO_2}}{22.4 \times 10^6} \right) \quad\quad （2\text{-}22）$$

式中　　C_{e,bur,CO_2}——富余煤气在统计期内燃烧产生 CO_2 的环境成本，元；

$\beta_{CO_2}^g$——富余煤气 g 燃烧后产生 CO_2 的体积百分含量，%；

V_{emi,CO_2}^g——统计期内富余煤气 g 燃烧后产生污染物 CO_2 的体积排放量，m³；

M_{CO_2}——污染物 CO_2 的摩尔质量，g/mol。

③ 煤燃烧后带来的环境成本。

掺烧煤气燃煤机组中燃料煤燃烧后排放的污染物主要为 CO_2 和 SO_2，则

$$
\begin{aligned}
C_{\text{e,bur c}} &= C_{\text{e,bur},CO_2} + C_{\text{e,bur},SO_2} \\
&= \sum_{t=1}^{n} \sum_{j} \sum_{g} \left(EV_j \times \frac{\gamma_j^g \times m_{\text{bur},t}^c \times M_j}{M_j''} \right)
\end{aligned}
\tag{2-23}
$$

式中　$C_{\text{e,bur},SO_2}$ ——富余煤气在统计期内燃烧产生 SO_2 的环境成本，元；

　　　γ_j^g ——掺烧煤燃烧前后物料平衡计算得到污染物的质量百分含量，%；

　　　$m_{\text{bur},t}^c$ ——掺烧煤的质量，t；

　　　M_j'' ——掺烧煤中含有污染物元素 C，S 的摩尔质量，g/mol。

2. 对 M_i 的计算

$$
M_i = \sum_i Q_i^e C_i^e - \left(\begin{aligned} &\sum_i F_i^{\text{coal}} C_i^{\text{coal}} + \sum_i F_i^g C_i^g + \sum_i F_i^e C_i^g + \sum_i F_i^{\text{water}} C_i^{\text{water}} \\ &+ \sum_i F_i^p C_i^p + \sum_i F_i^p C_i^a + \sum_i Q_i^e C_i^d \sum_i Q_i^e C_i^m \end{aligned} \right) - \sum_i F_i^r C_i^b
\tag{2-24}
$$

式中　Q_i^e ——上网电量，kW·h；

　　　C_i^e ——上网电价，元/kW·h；

　　　F_i^g ——锅炉消耗的煤气总量，m^3；

　　　C_i^g ——煤气的价格，元/m^3；

　　　F_i^{coal} ——锅炉消耗的煤粉总量，m^3；

　　　C_i^{coal} ——煤粉的价格，元/m^3；

　　　F_i^e ——自备电厂中煤气的放散总量，m^3；

　　　C_i^e ——煤气放散量的处罚权重，元/m^3；

　　　F_i^{water} ——自备电厂总的用水量，t；

　　　C_i^{water} ——水的价格，元/t；

　　　F_i^p ——整个自备电厂的定员总人数，人；

　　　C_i^p ——人均工资，元/人；

　　　C_i^a ——人均福利费，元/人；

　　　C_i^d ——设备折旧费折旧系数，元/kW·h；

　　　C_i^m ——设备材料费材料系数，元/kW·h；

F_i^r —— 自备电厂的银行贷款，元；

C_i^b —— 贷款利率，%。

式（2-24）中，第一部分表示自备电厂的总收入，本模型认为自备电厂的产品主要为电力，则总收入为电力收入；第二部分表示自备电厂的总生产成本，主要包括燃料费、煤气放散的惩罚费用、水费、人员工资、人员福利费用、折旧费、材料费；第三部分表示企业的财务费用。

按照国家规定，在计算自备电厂机组发电效率时用电力（当量）的折标系数 0.122 9 kgce/kW·h 折算标煤，于是

$$\eta_i = \frac{0.1229}{\zeta_i} \qquad (2\text{-}25)$$

式中　ζ_i —— 第 i 种机组的发电煤耗，kgce/kW·h。

2.3.4　约束条件

1. 煤气系统平衡约束

自备电厂中各个机组小时消耗煤气量应该等于自备电厂优化配置的小时煤气富余量。

$$\sum_{i=1}^{n} N_i \times Q_i \times 3.6 \div \eta_i \times \xi_i + \sum_{j=0}^{m} M_i \times O_j \times 3.6 \div \mu_i + \sum_{l=0}^{k} K_i \times P_k \times 3.6 \div \eta_i = p \times C_{\max}$$

$$(2\text{-}26)$$

式中　N_i —— 掺烧煤气燃煤机组的个数；

Q_i —— 第 i 个掺烧煤气燃煤机组机组容量，MW；

η_i —— 第 i 个掺烧煤气燃煤机组机的发电效率，%；

ξ_i —— 第 i 个掺烧煤气燃煤机组机的煤气掺烧量比例，%；

$pC_{\max}$ —— 机组配置小时煤气富余量，GJ/h；

M_i —— 纯烧煤气机组的个数；

O_j —— 第 j 个纯烧煤气机组机组容量，MW；

μ_i —— 第 j 个纯烧煤气机组机的发电效率，%；

K_i —— CCPP 机组的个数；

P_k —— 第 1 个 CCPP 机组机组容量，MW；

η_i —— 第 1 个 CCPP 机组的发电效率，%；

2. 锅炉运行约束

在实际生产中，锅炉的设计效率和运行效率差别很大，锅炉低负荷运

行或者超负荷运行，锅炉效率都会急剧下降。一般来说负荷降低，锅炉效率降低，但是当负荷升高时，各台锅炉效率变化还是有差别的。负荷降低时锅炉效率有的升高，有的在最大负荷时效率并不是最高，因此锅炉会出现经济负荷点。为了反映锅炉运行的经济性，得到单位产气量最低煤气消耗量所对应的负荷率为最佳负荷率。以自备电厂每台锅炉的燃气消耗量和锅炉负荷实际数据为基础，根据最小二乘法辨识各台锅炉的负荷特性模型。采用非线性形式，设模型为

$$Q = a_0 + a_1 D + \cdots + a_n D^n \tag{2-27}$$

式中　D——锅炉稳定运行的实际负荷，t/h；

$\quad\quad$ Q——锅炉负荷为 D 时的煤气消耗量，m³/h；

$\quad\quad$ $a_0, a_1, \cdots, a_n$——模型待辨识参数。

利用最小二乘法原理，使模型参数误差的平方和最小，即

$$\min f = \sum_{i=0}^{n} (a_i - a_i^0)^2 \tag{2-28}$$

式中，a_i^0 为模型参数 a_i 的真实值。在实际生产中，上述模型为二次函数就可以完全满足生产需要，则

$$Q = a_0 + a_1 D + a_2 D^2 \tag{2-29}$$

根据式（2-29），可得到单台锅炉单位产气量所消耗的煤气量为：

$$q = \frac{a_0}{D} + a_1 + a_2 D \tag{2-30}$$

式中，q 为锅炉单位产气量所消耗煤气量，kgce/t。

根据式（2-30）的数学特征可以得到锅炉运行的最佳运行负荷，相应可以计算出各台锅炉在最佳运行负荷时所对应的煤气消耗量。

并且：

$$D = F\alpha \tag{2-31}$$

式中　F——锅炉的额定负荷，t/h；

$\quad\quad$ α——锅炉的负荷率，%。

则式（2-30）可变形为

$$q = \frac{a_0}{F\alpha} + a_1 + a_2 F\alpha \tag{2-32}$$

根据式（2-32）的数学特征可以得到锅炉最佳负荷率 $\alpha_i (i = 1, 2, \ldots, n)$。

3. CCPP 机组稳定运行约束

当企业煤气小时富余量相对较少时，优先选择掺烧煤气燃煤锅炉-蒸汽轮机发电机组；为了实现煤气的近零放散，如果选择 CCPP 机组及掺烧煤气燃煤锅炉-蒸汽轮机发电机组作为发电方式，则各发电机组的大小及煤气消耗能力要满足以下约束：

① 为了使 CCPP 稳定运行，必须保证煤气的小时最小富余量不低于 CCPP 机组煤气的小时正常消耗量，即：

$$g_{i,\min} \geqslant g_{h-\text{CCPP}-i} \tag{2-33}$$

式中　$g_{i,\min}$——小时最小煤气富余量，GJ/h；

　　　$g_{h-\text{CCPP}-i}$——CCPP 机组的小时正常煤气消耗量，GJ/h。

② 为了实现煤气的近零放散，除了 CCPP 机组外，必须保证有足够的其他用户消耗煤气的小时富余量，即

$$g_{h-b-j}^{\text{normal}\,c} \leqslant p \times C_{\max} \leqslant g_{h-b-j}^{\max c} \tag{2-34}$$

式中　$pC_{\max}$——设计机组的小时煤气富余量，GJ/h；

　　　$g_{h-b-j}^{\max c}$——掺烧煤气燃煤锅炉小时最大煤气掺烧量，GJ/h；

　　　$g_{h-b-i}^{\text{normal}\,c}$——掺烧煤气燃煤锅炉小时煤气正常掺烧量，GJ/h。

4. 非负约束

目标函数中，所有变量都大于零。

$$X_{i,j} \geqslant 0 \ (i=1,2,\cdots,k) \tag{2-35}$$

综上所述，建立了钢铁企业自备电厂机组配置优化模型，以保证环境成本和总利润在协同优化的目标下，得到自备电厂的机组配置结构，基于确定的各约束条件，后面进一步对模型进行求解。

2.3.5　模型求解

以上所建立的自备电厂机组优化配置模型是混合整数线性规划模型，在众多可以求解此类模型的方法中被证明分支定界法适应性最强、求解效率最高，是较成功的求解混合整数线性规划问题的一种方法。具体步骤为：

第 1 步：放宽或取消原问题的某些约束条件。如果这时求出的最优解是原问题的可行解，那么这个解就是原问题的最优解，计算结束。否则这个解的目标函数值是原问题的最优解的上界。

第 2 步：将放宽了某些约束条件的替代问题分成若干子问题，要求各子问题的解集合的并集要包含原问题的所有可行解，然后对每个子问题求最优解。这些子问题的最优解中的最优者若是原问题的可行解，则它就是原问题的最优解，计算结束。否则它的目标函数值就是原问题的一个新的上界。另外，各子问题的最优解中，若有原问题的可行解，选这些可行解的最大目标函数值，它就是原问题的最优解的一个下界。

第 3 步：对最优解的目标函数值已小于这个下界的问题，其可行解中必无原问题的最优解，可以放弃。对最优解的目标函数值大于这个下界的子问题，都先保留下来，进入第 4 步。

第 4 步：在保留下的所有子问题中，选出最优解的目标函数值最大的一个，重复第 1 步和第 2 步。如果已经找到该子问题的最优可行解，那么其目标函数值与前面保留的其他问题在内的所有子问题的可行解中目标函数值最大者，将它作为新的下界，重复第 3 步，直到求出最优解。

该方法已经成为诸多商业软件（LINGO、SAS、Xpress 等）的一种标准方法。本模型的求解通过目前应用比较广泛的 LINGO 软件编制程序进行求解。LINGO 程序是最优化问题的一种建模语言，主要用于解决优化问题，可以允许决策变量是整数，而且执行速度快。即使对优化方面专业知识了解不多的用户，也能够方便地建模和输入，有效地求解和分析实际中遇到的大规模优化问题，并且能够快速得到复杂优化问题的高质量的解[46]。

2.4 本章小结

（1）钢铁企业煤气系统目前主要存在的问题是静态不平衡和动态不平衡，而造成静态不平衡的主要原因是自备电厂机组配置不合理，即静态结构不平衡。基于这种情况，提出基于富余煤气服从正态分布的统计特性，建立自备电厂机组配置优化模型。

（2）在保证环境成本和总利润协同优化的目标下，根据一定比例的最大富余煤气量作为最优机组配置结构的煤气设计值，模型考虑了煤气放散、机组运行效率、环境成本等因素对总利润的影响，以煤气系统平衡、锅炉运行、CCPP 机组运行等为约束条件建立了自备电厂机组配置优化模型，对建立的优化模型采用 LINGO 软件进行求解。

3 钢铁企业自备电厂煤气供入量预测研究

对自备电厂煤气系统而言，虽然造成煤气供入量波动的因素众多，但其外在表现主要是以煤气流量的波动体现出来的，由上一章对煤气富余量的相关性分析得到，自备电厂煤气系统当时的流量值与过去的流量值有一定的关系，使煤气供入量序列有一定的关联性，这种关联性是预测的基础。因此，将自备电厂煤气供入量历史数据作为样本，采用数学方法进行建模预测，其预测精度和模型拟合度将直接影响后续自备电厂煤气系统优化调度的准确性。同时，由于煤气供入量的波动还具有一定的时延性，即从出现事件、工况变化到自备电厂煤气系统发生波动是一个渐变的过程。另外，煤气系统机理十分复杂，使煤气的波动具有一定的随机性，这种随机性会使煤气供入量序列间的关联性减弱，这就决定了煤气供入量预测难度大，不能准确地预测，而只能从统计意义上做出最优预测，最终使预测误差的均方值满足一定的精度要求。因此，基于自备电厂煤气供入量的变化特点及预测难度，选择合理的预测方法进行预测建模是至关重要的。

3.1 自备电厂煤气供入量影响因素及模型选择

实际生产中，由于生产计划、检修计划及其他因素的动态变化，煤气的产销量总是不断地发生变化，煤气系统在短时间内总表现为不平衡。因此，对钢铁企业自备电厂煤气供入量的实时预测直接影响自备电厂煤气系统的优化调度，是首要解决的问题。对钢铁企业自备电厂煤气供入量的预测，主要通过以下四个步骤进行研究和分析。

（1）确定自备电厂煤气供入量的预测周期（日/小时），通过现场调研搜集相应的历史数据作为样本数据；

（2）分析整理样本数据，使其具有正确性、完整性、可比性和连贯性，能够反映煤气供入量的特点，根据预测的需要对原始数据进行一定的预处理；

（3）采用适合自备电厂煤气供入量的预测方法建立预测模型；

（4）对建立的预测模型进行验证和修正。

3.1.1　煤气产生量波动的影响

（1）焦炉煤气产生量的波动。正常生产时，只要炼焦配煤比及加热制度固定，焦炉煤气的产生量是比较稳定的，煤气产生量的波动系数一般为6%～10%；当焦炉集中检修时，一般每日3次，每次持续约2 h，煤气产生量的波动幅度较大；在检修初期和中期，煤气产量增高，末期产量下降。

（2）高炉煤气产生量的波动。高炉生产分为正常生产、减风和休风 3个阶段。高炉开炉后为连续生产，正常生产时，焦比、煤比富氧量、燃料质量和炉内利用程度等因素变化都不会太大，煤气产量稳定，回收量也基本稳定，仅在高炉装料开启料钟时有瞬时的波动。当检修、维护高炉设备（如更换风口、渣口、高炉中、小修）、高炉冶炼过程中发生故障（如悬料、铁口渣口堵不上），以及出现一些不正常的现象（如待焦、待料、停电、停水）时，高炉将被迫减风或休风[47]。在减风阶段，煤气的产生量会减少；在休风阶段，煤气的产生量很少甚至停止，此时，往往停止回收煤气，该阶段产出的煤气均被放散。

（3）转炉煤气产生量的波动。转炉的生产是间断性的，其生产过程分为装料、吹氧、静置、出钢和溅渣护炉5个生产阶段。转炉在加料、出钢、吹炼初期、后期均不回收煤气，只在吹炼初、后期之间的一段时间内回收煤气。在吹炼过程中，煤气产生量是波动的，吹炼初期和后期产生量小，最大煤气产生量一般在吹炼期的1/2～2/3区间内[48]。

3.1.2　煤气消耗量波动的影响

（1）焦炉煤气消耗量的波动。焦炉加热时煤气的消耗量波动较小，波动幅度一般仅为 2%左右。由于焦炉加热需定期换向（换向时停止使用煤气），焦炉加热换向次数为每小时 2～3 次，每次换向延续时间约为 40 s，煤气消耗量随焦炉加热换向呈周期性波动。对于没有煤气柜的企业，这部分煤气将被放散。

（2）高炉热风炉煤气消耗量的波动。热风炉在非换炉时间内，煤气消耗量的波动不大，波动幅度一般为5%左右。由于热风炉换炉、停炉、间断生产等，使煤气的消耗量时刻发生波动，每日换炉的次数和每次换炉的时间由热风炉的座数及燃烧制度而定。当一座高炉配置三座热风炉时，大约每小时换炉一次，每次换炉时间为 6~10 min，在此期间一座燃烧的热风炉停止使用煤气，于是在短时间内出现大量的煤气富余。对于没有煤气柜的企业，随着热风炉的换炉将有大量的煤气放散。

（3）轧钢加热炉煤气消耗量的波动。各种型材、板材、管材轧机用加热炉，当轧制的品种、坯料一定，轧机正常生产时，煤气消耗量的波动是不大的。造成煤气消耗量波动的因素主要有两个方面：轧制品种、坯料断面与轧钢产量的改变；轧机的临时检修、换辊与生产中的临时待料、待轧等。

3.1.3 煤气柜波动的影响

煤气柜和自备电厂锅炉在钢铁企业煤气系统充当着缓冲用户的角色。煤气柜能够解决煤气系统出现的暂时性不平衡，可以及时吞吐煤气，起到缓解管网压力的作用，既能回收因生产变化造成的瞬间煤气放散，又能在煤气不足时将煤气补入管网，达到以余补缺的效果。同时，煤气柜可以暂时吞吐生产中出现的较大不平衡，以缓冲用户倒换燃料时的煤气量，有效吞吐电厂锅炉所难以适应的频繁、短时间的煤气波动量，起到稳定管网压力的作用；对于短时间内出现的小量高炉煤气波动可以起到非常及时的缓冲作用，这样就可以防止供应锅炉的高炉煤气总是频繁的波动，能够在相对较长的时间内稳定燃烧，提高锅炉运行效率。但是，由于煤气柜受到容积、活塞升降速度、管网压力范围等因素的限制，不能适应波动幅度大、延续时间长的煤气量波动，缓冲功能十分有限，国内大部分钢铁企业的煤气柜其实只是作保安或者储存使用，真正要实现对富余煤气的合理缓冲，必须使自备电厂锅炉发挥其实质作用，才能减少出现各种工况造成的煤气放散，尽量避免生产中出现的煤气不平衡问题。

3.1.4 其他波动的影响

由于设备事故或其他原因造成的煤气输送设备停止工作，使煤气无法送往用户，煤气就会出现临时过剩；当消耗用户出现各种工况，也会引起煤气系统出现波动。同时，随着生产形势及市场需求的变化，企业用电无法实现完全自给。在外购电力时，不同时段的电价不同，则企业会根据自身实际经济价值最大化对发电与产钢材两者之间进行最佳决策，势必也会造成煤气的波动。煤气的平衡流量与各个单位的经济利益息息相关，因此，各单位都会在产量一定的情况下尽可能地减少生产成本、增加自身经济利益，所以当出现突发事件时，即使调度中心及时给出调度方案，用户出于自身经济利益的考虑，不会及时做出反应，从而导致煤气压力不稳定，引起管网压力波动。

上述是对自备电厂煤气供入量波动的各种已知影响因素，但在实际生产中，还有很多未知影响因素，并且这些影响因素的影响情况无法用具体数据或者公式进行量化，且很多实时数据难以获取。那么对于自备电厂煤气供入量的预测研究，考虑这些因素造成煤气供入量具有的复杂性、关联性、延时性及随机性等特点，基于第 1 章对各种预测方法特点的研究，结合时间序列法适用于比较复杂的系统，尤其适用于难以得到各影响因素确切数值的系统预测，预测中重点考虑预测对象的随机性、延续性等特点。因此，本章采用时间序列的方法对自备电厂煤气供入量进行短期预测建模。

3.2　ARMA 时间序列预测建模

时间序列模型是建立在线性模型基础上，以参数化模型处理动态随机数据的实用方法[49]。ARMA 时间序列模型是一类常用的随机时序模型，由博克斯（Box）、詹姆斯（Jenkins）创立，亦称 B-J 方法。基本思想是：采用的时间序列是依赖于时间 t 的一组随机变量，构成该时序的单个序列值虽然具有不确定性，但整个序列的变化却有一定的规律性，可以用相应的数学模型近似描述。该模型的特点是对模型平滑误差项的研究，能够更本质地认识时间序列的结构与特征，使平滑误差项达到最小方差意义下的最优预测。

3.2.1　ARMA 时间序列模型概述

ARMA 时间序列模型是一种常用的随机时序模型，是一种精度较高的时序短期预测方法[50]。ARMA 时间序列模型有三种基本类型：自回归（Auto-Regressive，AR）模型、移动平均（Moving Average，MA）模型以及自回归移动平均（Auto-Regressive Moving Average，ARMA）模型。

1. 自回归模型

如果时间序列 y_t 是它前期值和随机项的线性函数，可表示为

$$y_t = \phi_1 y_{t-1} + \phi_2 y_{t-2} + \cdots + \phi_p y_{t-p} + u_t \qquad (3-1)$$

该时间序列 y_t 是自回归序列，称为 p 阶自回归模型，记为 AR(p)。实参数 ϕ_1, ϕ_2,…, ϕ_p 称为自回归系数，是模型的待估计参数。随机项 u_t 是相互独立的白噪声序列，且服从均值为 0、方差为 σ_u^2 的正态分布。随机项 u_t 与滞后变量 y_{t-1}, y_{t-2},…, y_{t-p} 不相关。为了不失一般性，假定序列 y_t 均值为 0。若 $E_{yt} = \mu \neq 0$，则令 $y_t' = y_t - \mu$，可将 y_t' 写成上式的形式。记 B^k 为 k 步之后算子，即

$$B^k y_t = y_{t-k} \qquad (3-2)$$

则模型可以表示为

$$y_t = \phi_1 B y_t + \phi_2 B^2 y_t + \cdots + \phi_p B^p y_t + u_t \qquad (3-3)$$

令 $\qquad \phi(B) = 1 - \phi_1 B - \phi_2 B^2 - \cdots - \phi_p B^p \qquad (3-4)$

模型可简化为

$$\phi(B) y_t = u_t \qquad (3-5)$$

AR(P) 过程平稳的条件是滞后多项式 $\phi(B)$ 的根均在单位圆外，即 $\phi(B) = 0$ 的根大于 1。

2. 移动平均模型

如果时间序列 y_t 是它当期和前期随机误差项的线性函数，可表示为

$$y_t = u_t - \theta_1 u_{t-1} - \theta_2 u_{t-2} - \cdots - \theta_q u_{t-q} \qquad (3-6)$$

该时间序列 y_t 是移动平均序列，称为 q 阶移动平均模型，记为 MA(q)。实参数 θ_1, θ_2,…, θ_q 为移动平均系数，是模型的待估计参数。

引入滞后算子，并令

$$\theta(B) = 1 - \theta_1 B - \theta_2 B^2 - \cdots - \theta_q B^q \qquad (3-7)$$

则式（3-7）可简写为

$$y_t = \theta(B) u_t \qquad (3-8)$$

移动平均过程无条件平稳，一般将 AR 过程与 MA 过程相互表示。则要求滞后多项式 $\theta(B)$ 的根都在单位圆外，经推导可得

$$(1 - \pi_1 B - \pi_2 B^2 - \cdots) y_t = u_t \qquad (3-9)$$

式（3-9）为 MA(q) 模型的逆转形式，它等价于无穷阶的 AR 过程。当其满足平稳条件时，可改写为

$$y_t = (1 + \varphi_1 B + \varphi_2 B^2 + \cdots) u_t \qquad (3\text{-}10)$$

式（3-10）称为 AR(p) 模型的传递形式，它等价于无穷阶的 MA 过程。

3. 自回归移动平均模型

如果时间序列 y_t 是它当期和前期随机误差项以及前期值的线性函数，即可表示为

$$y_t = \phi_1 y_{t-1} + \phi_2 y_{t-2} + \cdots + \phi_p y_{t-p} + u_t - \theta_1 u_{t-1} - \theta_2 u_{t-2} - \cdots - \theta_q u_{t-q} \qquad (3\text{-}11)$$

该时间序列是自回归移动平均序列，称为 (p, q) 阶的自回归移动模型，记为 ARMA(p, q)。ϕ_1，ϕ_2，$\cdots$，ϕ_p 为自回归系数，θ_1，θ_2，$\cdots$，θ_q 为移动平均系数，都是模型的待估参数。

显然，对于 ARMA(p, q)，若阶数 $q=0$，则是自回归模型 AR(p)；若阶数 $p=0$，则是移动平均模型 MA(q)。

引入滞后算子 B，式（3-11）可简记为

$$\phi(B) y_t = \theta(B) u_t \qquad (3\text{-}12)$$

ARMA(p, q) 过程的平稳条件是滞后多项式 $\phi(B)$ 的根均在单位圆外，可逆条件是 $\theta(B)$ 的根都在单位圆外。

对于 ARMA(p, q) 模型，在 t 时刻向前第一步最佳预测值为

$$\hat{X}_t(1) = E[X_{t+1}] = E[\varphi_1 x_t + \varphi_2 x_{t-1} + \cdots + \varphi_p x_{t+1-p} + \varepsilon_{t+1} - \theta_1 \varepsilon_t - \theta_2 \varepsilon_{t-1} - \cdots - \theta_q \varepsilon_{t+1-q}] \qquad (3\text{-}13)$$

在 t 时刻，x_t，$x_{t-1} \cdots x_{t+1-p}$，ε_{t+1}，ε_{t+1-q} 的值已经确定，而 ε_{t+1} 尚未发生，即 $E[\varepsilon_{t+1}] = 0$。故上式可写为

$$\hat{X}_t(1) = \varphi_1 x_t + \varphi_2 x_{t-1} + \cdots + \varphi_p x_{t+1-p} - \theta_1 \varepsilon_t - \theta_2 \varepsilon_{t-1} - \cdots - \theta_q \varepsilon_{t+1-q} \qquad (3\text{-}14)$$

同理，在 t 时刻向前第 2 步最佳预测值：

$$\hat{X}_t(2) = \varphi_1 \hat{x}_t(1) + \varphi_2 x_t + \cdots + \varphi_p x_{t+2-p} - \theta_1 \hat{\varepsilon}_t(1) - \theta_2 \varepsilon_t - \cdots - \theta_q \varepsilon_{t+2-q}] \qquad (3\text{-}15)$$

依此类推，可得 ARMA(p, q) 模型向前 1 步的预测值为

$$\hat{X}_t(l) = \begin{cases} \displaystyle\sum_{i=1}^{p} \varphi_i x_{t+l-i} - \sum_{j=1}^{q} \theta_j x_{t+l-j}, & l=1 \\[4mm] \displaystyle\sum_{i=1}^{l-1} \varphi_i \hat{x}_t(l-i) + \sum_{j=1}^{p} \varphi_i x_{t+l-i} - \sum_{j=1}^{l-1} \theta_j \hat{x}_t(l-j) - \sum_{j=1}^{q} \theta_j x_{t+l-j}, & -1 < l \leqslant p, q \\[4mm] \displaystyle\sum_{i=1}^{l-1} \varphi_i \hat{x}_t(l-i) - \sum_{j=1}^{l-1} \theta_j \hat{x}_t(l-j), & l > q \end{cases}$$

$$(3\text{-}16)$$

3.2.2 ARMA 时间序列预测建模步骤

针对钢铁企业自备电厂煤气供入量的 ARMA 时间序列预测模型建立过程概述如下：假设 y_t 为 t 时刻自备电厂某种煤气的供入量序列，在保证其平稳（或差分后平稳）的前提下建模，通过对 y_t 的自相关与偏自相关分析图进行自（偏自）相关分析，选择适当的 AR(p)，MA(q)或 ARMA(p, q)模型定阶进行预测建模。然后对建立预测模型的残差项进行检验，确定最终的预测模型并进行预测。在建模的过程中，具体步骤包括序列分析、模型识别与定阶、参数估计、模型的检验。对各步骤介绍如下：

（1）序列分析：通过对钢铁企业自备电厂实际调研采集的样本数据，研究自备电厂煤气供入量时间序列的数据特征，通过自相关函数来判断样本序列是否满足建模条件，如果不符合建立 ARMA 模型的条件，应考虑对原始序列进行适当的预处理（例如进行差分或者附加其他函数等方法）[51]。

序列分析主要是指分析序列的平稳性。若煤气供入量时间序列 y_t 满足：

① 对任意时间 t，其均值恒为常数；

② 对任意时间 t 和 s，其自相关系数只与时间间隔 t-s 有关，而与 t 和 s 的起始点无关。

那么这个煤气供入量时间序列就满足平稳性的特点。直观地讲，平稳时间序列的各观测值围绕其均值上下波动，且该均值与时间 t 无关，振幅变化不剧烈。序列的平稳性可以用自相关分析图判断：如果序列的自相关系数很快地（滞后阶数大于 3 时）趋于 0，即落入随机区间内，则时间序列是平稳的；否则，就需要在建模之前对数据进行预处理，使其达到平稳性。

（2）模型识别与定阶：根据自备电厂煤气供入量时间序列的自相关函数和偏自相关函数图分析，确定是选用 AR、MA 还是 ARMA 时间序列模型，并对模型进行定阶。

① MA(q)的自相关与偏自相关函数。

$$y_t = u_t - \theta_1 u_{t-1} - \theta_2 u_{t-2} - \cdots - \theta_q u_{t-q} \tag{3-17}$$

样本自相关函数为

$$\rho_k = \begin{cases} \dfrac{-\theta_k + \theta_1\theta_{k+1} + \cdots + \theta_{q-k}\theta_q}{1 + \theta_1^2 + \theta_2^2 + \cdots + \theta_q^2}, & 1 \leqslant k \leqslant q \\ 0, & k > q \end{cases} \tag{3-18}$$

MA(q)序列的自相关函数 ρ_k 在 $k>q$ 之后全部是 0，这种性质称为自相关函数的截尾性。序列 MA(q)的偏自相关函数随着滞后期 k 的增加呈现指数或者正弦波衰减趋向于 0，这种特性称为偏自相关函数的拖尾性。

② AR(p)序列的自相关与偏自相关函数。

$$y_t = \phi_1 y_{t-1} + \phi_2 y_{t-2} + \cdots + \phi_p y_{t-p} + u_t \qquad (3-19)$$

偏自相关函数满足

$$\phi_{ki} = \begin{cases} \phi_j, & 1 \leqslant j \leqslant p \\ 0, & p+1 \leqslant j \leqslant k \end{cases} \qquad (3-20)$$

AR(p)序列的偏自相关函数 ϕ_{kk} 是 p 步截尾的，当 $k > p$ 时，ϕ_{kk} 的值是 0。与 MA(q)序列相反，AR(p)序列的自相关函数呈指数或者正弦波衰减，具有拖尾性。

③ ARMA(p, q)序列的自相关与偏自相关函数。

ARMA 时间序列方法中自相关函数和偏自相关函数是两个非常重要的概念[52]，构成时间序列每个序列值 $y_t, y_{t-1}, \cdots, y_{t-k}$ 之间的简单相关关系称为自相关。自相关程度由自相关系数 r_k 度量，表示时间序列中相隔 k 期观测值之间的相关程度。表示为：

$$r_k = \frac{\sum\limits_{t=1}^{n-k} (y_t - \bar{y})(y_{t+k} - \bar{y})}{\sum\limits_{t=1}^{n} (y_t - \bar{y})^2} \qquad (3-21)$$

式中，n 是样本量；k 为滞后期；$\bar{y}$ 代表样本数据的算术平均值。

与简单相关系数一样，自相关系数 r_k 的取值范围是[-1, 1]，并且 $|r_k|$ 越接近 1，自相关程度越高。

偏自相关是指对于时间序列 y_t 在给定 $y_{t-1}, y_{t-2}, \cdots, y_{t-k+1}$ 的条件下，y_1 与 y_{t-k} 之间的条件相关关系，其相关程度用偏自相关系数 ϕ_{kk} 度量，有 $-1 \leqslant \phi_{kk} \leqslant 1$。

$$\phi_{kk} = \begin{cases} r_1, & k=1 \\ \dfrac{r_k - \sum\limits_{j=1}^{k-1} \phi_{k-1,j} \cdot r_{k-j}}{1 - \sum\limits_{j=1}^{k-1} \phi_{k-1,j} \cdot r_j}, & k=2,3\cdots \end{cases} \qquad (3-22)$$

式中，r_k 是滞后 k 期的自相关系数。

ARMA(p, q)的自相关函数和偏自相关函数均是拖尾的。通过判断r_k，ϕ_{kk}的截尾性来初步确定模型的阶数，其结构判定的基本准则如表 3.1 所示。

表 3.1　平稳时间序列模型结构识别准则

类别	模型识别		
	AR(p)	MA(q)	ARMA(p, q)
自相关函数	拖尾	截尾	拖尾
偏自相关函数	截尾	拖尾	拖尾

（3）模型的参数估计：对所建立的预测模型定阶后需要进一步对模型进行参数估计。自备电厂煤气供入量时间序列预测模型的参数辨识采用最小二乘估计，即估计参数φ_1，$\varphi_2, \cdots, \varphi_p, \theta_1, \cdots, \theta_q$使残差平方和达到最小值[53]。

$$\sum_{t=1}^{N} a_t^2 = \sum_{t=1}^{N} [\theta_q^{-1}(B)\, \varphi_p(B)\nabla^d X_t]^2 \qquad （3\text{-}23）$$

目前，普遍采用 Eviews 软件对其进行求解。一般来说，MA 模型的参数估计相对困难，尽量避免使用高阶的 MA 模型或包含高阶移动平均项的 ARMA 模型。滞后多项式的倒数根要求必须在单位圆内，这样才能保证序列的平稳性。对参数的检验主要考虑模型的整体拟合效果，主要根据修正决定系数（Adjusted R-squared）、AIC（Akaike Info Criterion）和 SC（Schwarz Criterion）准则这三个重要指标对模型进行判定[54]。具体如下：

① 修正决定系数是判断回归模型拟合程度优劣最常用的数量指标。

$$\overline{R^2} = 1 - \frac{n-1}{n-k}(1-R^2) \qquad （3\text{-}24）$$

式中，n 是样本容量；k 是参数个数。

$\overline{R^2}$ 是一个 0～1 之间的数，越接近 1 则说明回归拟合效果越好，一般取值超过 0.8，说明模型的拟合优度较高。

② AIC 准则（赤池信息准则）是评价模型好坏的一个指标，取值越小越好。一般形式为

$$AIC = -\frac{2L}{n} + \frac{2k}{n} \qquad （3\text{-}25）$$

式中，L 是对数似然值；n 是观测值数目；k 是被估计的参数个数。

③ SC 准则（施瓦茨准则）的用法和特点与 AIC 准则十分相近，要求取值越小越好。且一般形式为

$$SC = -\frac{2L}{n} + \frac{k \ln n}{n} \qquad (3\text{-}26)$$

式中，L 是对数似然值；n 是观测值数目；k 是被估计的参数个数。

（4）模型的检验：对于得到的预测模型需要进行随机性检验，即对模型的残差进行白噪声检验，如果残差不是白噪声，则需要进一步对模型进行深入研究。一般采用拉格朗日乘子（Lagrange Multiplier，LM）检验确定出随机概率。通常情况下，当随机概率大于 0.05 时，表明该残差序列为白噪声序列；若随机概率小于 0.05 时，则说明残差序列不是白噪声序列，模型还需要进一步重新构建。在得到最佳的模型后，可以根据时间序列的历史数据，运用最终得到的最佳模型进行预测[55]。

① 残差检验。

参数估计后，应该对 ARMA 模型的适合性进行检验，即对模型的残差序列 e_t 进行白噪声检验。若残差序列不是白噪声序列，意味着残差序列还存在有用信息没被提取，需要进一步改进模型。通常侧重于检验残差序列的随机性，即滞后期 $k \geq 1$，残差序列的样本自相关系数应近似为 0。

判断残差序列是否纯随机，对残差序列进行 χ^2 检验。检验的零假设是残差序列 e_t 相互独立。

残差序列的自相关函数：

$$r_k(e) = \frac{\sum\limits_{t=k+1}^{n} e_t \cdot e_{t-k}}{\sum\limits_{t=1}^{n} e_t^2}, \ k=1,2,\cdots,m \qquad (3\text{-}27)$$

式中，n 是计算 r_k 的序列观测值；m 是最大滞后期。

检验统计量：

$$Q = n(n+2) \sum_{k=1}^{m} \frac{r_k^2(e)}{n-k} \qquad (3\text{-}28)$$

在零假设下，Q 服从 $\chi^2(m-p-q)$ 分布。给定置信度 $1-\alpha$（α 通常取 0.05 或 0.1），若

$$Q \leq \chi_\alpha^2(m-p-q) \qquad (3\text{-}29)$$

则不能拒绝残差序列相互独立的原假设，检验通过；否则检验不通过。

对于不通过的残差序列，说明在残差中仍然具有有用信息，采用 ARCH 模型来提取残差中的有用信息，使最终模型残差项成为白噪声。

② ARCH 自回归条件异方差模型。

对于通常的回归模型：

$$y_t = x_t'\beta + \varepsilon_t \qquad (3\text{-}30)$$

如果随机干扰项的平方 ε_t^2 服从 $AR(q)$ 过程，即

$$\varepsilon_t^2 = \alpha_0 + \alpha_1\varepsilon_{t-1}^2 + \cdots + \alpha_q\varepsilon_{t-q}^2 + \eta_t, t=1,2\cdots \qquad (3\text{-}31)$$

式中，η_t 独立同分布，并且满足 $E(\eta_t)=0, D(\eta_t)=\lambda^2$，则该模型是自回归条件异方差模型，简记为 ARCH 模型。称序列 ε_t 服从 q 阶的 ARCH 过程，记作 $\varepsilon_t \sim ARCH(q)$。

ARCH 模型用于对主体模型的随机扰动项进行建模，以便充分地提取残差中的信息，使最终的模型残差项 η_t 成为白噪声。所以，对于 $AR(p)$ 模型，如果 $\varepsilon_t \sim ARCH(q)$，则序列 y_t 可以用 $AR(p)-ARCH(q)$ 模型描述，其他情况类推。序列是否存在 ARCH 效应，采用拉格朗日乘数法（LM）对主体模型的随机扰动项进行检验。若模型随机扰动项 $\varepsilon_t \sim ARCH(q)$，则建立辅助回归方程：

$$h_t = \alpha_0 + \alpha_1\varepsilon_{t-1}^2 + \cdots + \alpha_q\varepsilon_{t-q}^2 \qquad (3\text{-}32)$$

检验序列是否存在 ARCH 效应，即检验上式中所有回归系数是否同时为 0。若所有回归系数同时为 0 的概率较大，则序列不存在 ARCH 效应；若同时为 0 的概率很小或至少有一个系数显著不为 0，则序列存在 ARCH 效应[56]。

$ARCH(q)$ 模型参数估计的对数似然函数为

$$\ln L(\beta,\alpha) = -\frac{1}{2}n\ln(2\pi) - \frac{1}{2}\sum_{t=1}^{n}\ln(h_t) - \frac{1}{2}\sum_{t=1}^{n}\ln(\varepsilon_t^2 / h_t) \qquad (3\text{-}33)$$

式中，n 为样本量，使该函数达到最大值的参数 β 和 α，就是参数 β 和 α 的极大似然估计。

3.3 模型验证

根据自备电厂煤气供入量的数据特征及 ARMA 时间序列的建模方法，以我国钢铁企业 X 自备电厂为例，对其高炉、转炉混合煤气供入量进行预测建模，以验证所建模型的有效性和合理性。此企业自备电厂有 2 台负荷为 120 t/h 的锅炉，锅炉效率为 88%，1 台负荷为 220 t/h 的锅炉，锅炉效率为 87%，高炉煤气低位发热值为 3 220 kJ/m³，转炉煤气低位发热值为

$7\,530\;\mathrm{kJ/m^3}$，总供入高炉、转炉混合煤气的流量范围为 $0 \sim 500\,000\;\mathrm{Nm^3/h}$。

3.3.1　数据预处理

　　以钢铁企业 X 的自备电厂 2012 年 9 月 15 日—2012 年 9 月 24 日高炉、转炉混合煤气供入量作为原始样本数据，得到原始样本数据折线如图 3.1 所示。由图 3.1 可见，数据杂乱无章，无法看出煤气供入量与时间的确切关系。因此，对原始数据采取先取对数再进行一阶差分的方法进行预处理，经过 ADF 标准平稳性检验，使供入量样本序列达到平稳性。

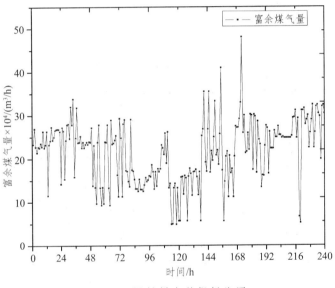

图 3.1　原始样本数据折线图

3.3.2　煤气供入量 ARMA 预测模型的建立

　　在序列满足平稳性的基础上，通过 Eviews 软件进一步得到序列的自相关与偏自相关函数如图 3.2 所示。图 3.2 由两部分组成：左半部分是序列的自相关和偏自相关分析图，右半部分包括五列数据。第一列的自然数表示滞后期 k，AC 是自相关系数 r_k，PAC 是偏自相关系数 φ_{kk}，最后两列是对序列进行独立性检验的 Q 统计量和相伴概率。由图 3.2 中函数的变化趋势可见，两者都具有明显的拖尾性，所以选用 ARMA(p, q)作为初选模型，其中 P 为 1 或 2，q 为 2 ~ 5。采用非线性最小二乘法对参数进行估计，通过比较分析其结果，通过对不同阶次模型 AIC 准则、SC 准则、拟合优度 R^2 指标进行比较分析，最终确定 ARMA(2, 4)为最佳预测模型，其参数估计结果如表 3.2 所示，相比其他阶次模型，Adjusted R-squared 值为 0.850 865，模型拟合度较好，AIC 和 SC 值相比其他阶次也较小，辅助说明预测模型建立的准确性。根据式（3-4）、（3-7）和（3-11）可得到 ARMA 模型表达式分别为式（3-34）~（3-36）所示。

$$\varphi(B) = 1 - 0.343\,126B^{-1} - 0.977\,303B^{-2} \tag{3-34}$$

$$\theta(B) = 1 + 0.271\,789B^{-1} - 0.536\,655B^{-2} + 0.692\,47B^{-3} + 0.250\,353B^{-4} \tag{3-35}$$

$$y_t = -0.343\,126y_{t-1} - 0.977\,303y_{t-2} + 0.271\,789\varepsilon_{t-1} - 0.536\,655\varepsilon_{t-2} + 0.692\,4\varepsilon_{t-3} + 0.250\,353\varepsilon_{t-4} \tag{3-36}$$

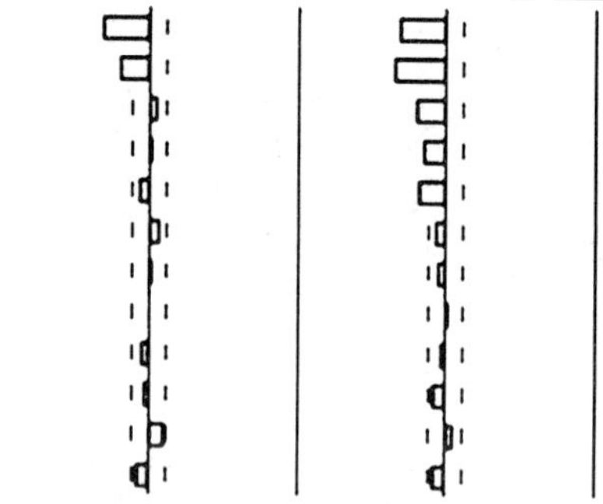

Autocorrelation	Partial Correlation		AC	PAC	Q-Stat	Prob
		1	-0.327	-0.327	25.845	0.000
		2	-0.216	-0.261	37.174	0.000
		3	0.048	-0.214	37.733	0.000
		4	0.024	-0.162	37.872	0.000
		5	-0.063	-0.196	38.836	0.000
		6	0.078	-0.069	40.346	0.000
		7	0.011	-0.042	40.374	0.000
		8	-0.006	0.010	40.384	0.000
		9	-0.049	-0.038	40.981	0.000
		10	-0.030	-0.086	41.206	0.000
		11	0.104	0.042	43.931	0.000
		12	-0.095	-0.092	46.235	0.000

图 3.2　自相关、偏自相关函数分析图

表 3.2　ARMA(2, 4)预测模型参数估计结果

模型	拟合优度 R^2	AIC 值	SC 值
ARMA（1，4）	0.814 024	0.770 307	0.843 204
ARMA（2，3）	0.720 355	0.768 918	0.842 332
ARMA（2，4）	0.850 865	0.703 207	0.801 006
ARMA（2，5）	0.812 006	0.785 101	0.887 533

3.3.3　ARMA 模型随机扰动项的 ARCH 效应分析与建模

1. 随机扰动项的 ARCH 效应分析

自备电厂煤气供入量时间序列常常会出现某一特征值成群出现的情

况，这种性质被称为波动的集群性。针对此现象，基于建立的 ARMA 主体模型，对主体模型的随机扰动项建立 ARCH 模型，以便更充分地提取残差中的信息，使最终的模型残差项成为白噪声。通过对 ARMA(2, 4) 模型的随机扰动项进行 LM 检验，进一步得出其存在 ARCH 效应。参数估计及相关检验结果如表 3.3 所示。

表 3.3　ARCH 模型参数估计与显著性检验结果

模型	拟合优度	变量	参数估计值	相伴概率	方差等式
ARCH（1）	0.918 785	C	0.083 593	0.000 0	0.069 951
		Resid^2（−1）	0.293 523	0.000 0	0.279 601
ARCH（2）	0.894 353	C	0.078 967	0.000 0	/
		Resid^2（−1）	0.275 423	0.000 0	/
		Resid^2（−2）	0.060 562	0.356 4	/

表 3.3 上半部分分别给出了随机扰动项 ARCH(1) 模型的拟合优度、变量、参数估计值、检验的相伴概率和方差等式。由表 3.3 可见，ARCH(1) 模型所有系数的显著性检验对于 95% 的置信度均通过，而 ARCH(2) 模型一个系数的显著性检验结果为 0.356 4，未通过检验，且 ARCH(1) 模型的拟合优度达到 0.918 785，拟合效果好。因此，ARCH(1) 模型为富余煤气供入量随机扰动项序列最终模型，再进一步用 LM 法对 ARCH(1) 模型进行效应检验，其结果如表 3.4 所示。

表 3.4　ARCH(1) 模型效应检验结果

模型	项目	数值	概率
ARCH(1)	F 统计量	22.045 24	0.000 005
	Obs×R^2	20.319 36	0.000 007

在表 3.4 中，第一行的 F 统计量在有限样本情况下不是精确分布的，只能作为参考；第二行是 LM 统计量 Obs×R 值以及检验的相伴概率。由表 3.4 可看出，对 ARCH(1) 模型的 χ^2 检验相伴概率 P 值均明显小于显著性水平 $\alpha = 0.05$，拒绝原假设，残差序列存在 ARCH(1) 效应，同时由表 3.3 方差等式一项得到 ARCH 模型为

$$h_t = 0.069\,951 + 0.279\,601\varepsilon_{t-1}^2 \qquad (3\text{-}37)$$

2. 自备电厂煤气供入量模型方程

基于上述对此企业自备电厂煤气供入量主体模型和辅助模型的建立，最终得到 ARMA(2, 4)-ARCH(1)为钢铁企业 X 自备电厂煤气供入量预测模型，方程如下：

ARMA 部分：

$$y_t = -0.343\,126y_{t-1} - 0.977\,303y_{t-2} + 0.271\,789\varepsilon_{t-1} - 0.536\,655\varepsilon_{t-2} + 0.692\,4\varepsilon_{t-3} + 0.250\,353\varepsilon_{t-4} \quad (3\text{-}38)$$

ARCH 部分：

$$h_t = 0.069\,951 + 0.279\,601\varepsilon_{t-1}^2 \quad (3\text{-}39)$$

3.3.4 模型预测

为了验证该模型的适用性和合理性，根据得到的预测模型，用建立的 ARMA(2, 4)-ARCH(1)预测模型对 2012 年 11 月 25 日—2012 年 12 月 1 日的自备电厂煤气供入量进行样本外预测，预测结果如图 3.3 所示，并将主体模型与预测模型的预测能力进行对比如表 3.5 所示，将 *MAPE*（平均绝对百分误差）、*BP*（偏差率）、*VP*（方差率）作为对模型的评价指标，以评判多建立模型的优劣性[52]。

（1）*MAPE* 为平均绝对百分误差，一般认为 *MAPE* 的值低于 10，则预测精度较高。将其定义为

$$MAPE = \frac{1}{n}\sum_{i=1}^{n}\left|\frac{\hat{y}_i - y_i}{y_i} \times 100\right| \quad (3\text{-}40)$$

（2）偏差率反映了预测值均值和实际值均值间的差异程度，取值范围在 0 ~ 1 之间。

$$BP = \frac{\overline{\hat{y}} - \overline{y}}{\sum(\hat{y}_t - y_t)^2 / n} \quad (3\text{-}41)$$

式中 $\overline{\hat{y}}$ ——预测值的均值；

       $\overline{y}$ ——实际序列的均值。

（3）方差率反映预测值和实际值之间标准差的差异，取值范围在 0 ~ 1 之间。

$$VP = \frac{(\sigma_{\hat{y}} - \sigma_y)^2}{\sum (\hat{y}_t - y_t)^2 / n} \qquad (3\text{-}42)$$

式中，$\sigma_{\hat{y}}$，σ_y 分别是预测值和实际值的标准差。

由表 3.5 对两种模型预测能力的对比得到：

（1）从两种模型的绝对百分误差指标上看，都处于 1% ~ 3%之间，但是 ARMA(2, 4)-ARCH(1)模型的预测精度比 ARMA(2, 4)模型更高一些；

（2）ARMA(2, 4)-ARCH(1)模型的偏差率远远小于 ARMA(2, 4)模型，表明预测值均值和实际值均值之间的差异较小；

（3）ARMA(2, 4)-ARCH(1)模型比 ARMA(2, 4)模型的方差率小，主要是由于煤气供入量时间序列的方差是变化的，而 ARCH 模型正是针对解决这一类问题，表明建模结果的合理性较高。

表 3.5　预测能力对比

模型	绝对百分误差	偏差率	方差率
ARMA(2, 4)	2.65	0.000 14	0.185 041
ARMA(2, 4)-ARCH(1)	1.98	0.000 092	0.145 970

按照 ARMA-ARCH 算法的步骤，在 Eviews 软件环境下对钢铁企业 X 自备电厂混合煤气供入量进行预测，预测值与实际值对比曲线如图 3.3 所示，相对误差曲线如图 3.4 所示。从图中可以看出，模型预测相对误差最高为 1.95%，预测精度比较理想，但是与一般预测所要求的高精度相比还有一定的差距，这与煤气供入量本身具有的数据特点有很大的关系。

由于钢铁企业煤气系统非常复杂，各种工况、事件的发生造成煤气供入量很难准确把握。因此，对预测结果的残差序列从统计学角度做进一步研究。

3.3.5　残差分析

对自备电厂煤气供入量而言，煤气流量序列之间的关联性是预测的基础，但是，煤气流量的随机性又导致序列间的关联性减弱，由于这些特性造成煤气供入量波动无法用具体的量化指标表示，以及自备电厂的煤气流量值不能准确预测，其预测精度难以达到很高。进而，只能从统计学意义上对残差部分进一步做出宏观研究。

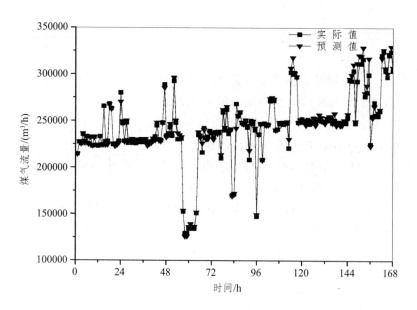

图 3.3　ARMA(2, 4)-ARCH(1)预测值与实际值对比图

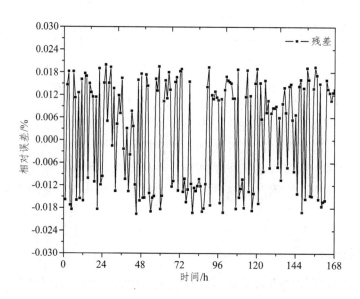

图 3.4　相对误差曲线

1. 残差数据预处理

为了保证数据的信息完整性，基于上述 ARMA(2, 4)-ARCH(1)模型的残差序列 $\{\varepsilon_t\}$，对其进行归一化处理，使 $0<\{y\}<1$，并令 $\delta=0.1$。即

$$y' = \varepsilon_t + \left[\max|\varepsilon_t|\right] \tag{3-43}$$

$$y = \frac{y'}{\max|\overline{y'}|} + \delta \tag{3-44}$$

2. 拟合分布

在上述模型绝对百分误差满足一定的精度下，进一步用概率统计的方法对预测模型的残差序列进行分析，通过 Matlab 计算得到最佳拟合符合 Beta 分布，见图 3.5（a）、（b）。密度函数为

$$\phi(x) = \frac{1}{B(p,q)} x^{p-1}(1-x)^{q-1} \quad 0 < x < 1 \tag{3-45}$$

其中，$B(p,q) = \int_0^1 x^{p-1}(1-x)^{q-1}\,\mathrm{d}x \ (p>0, q>0)$，也可记作 $x \sim \beta(10.86, 5.81)$。图 3.5（a）中 Beta 分布的形状参数 $p = 10.86$，$q = 5.81$，图 3.5（b）中正态分布的 $\mu = 0.652\,7$，$\sigma = 0.112\,1$。在已知 Beta 分布的形状参数 p 和 q 时，可通过式（3-46）、（3-47）求出均值和标准差[145]：

$$\mu_x = p / (p+q) \tag{3-46}$$

$$\sigma_x = \frac{\sqrt{pq}}{(p+q)\sqrt{p+q+1}} \tag{3-47}$$

计算可得结果 μ_x=0.651 4，σ_x=0.113 4，近似等于正态分布拟合参数 μ 和 σ 的值，即 Beta 分布逼近为正态分布。根据参数的物理意义，μ_x 表示日均煤气供入量，σ_x 表示生产过程稳定性。因此，通过统计方法指出了生产过程稳定性差是导致残差较大的主要原因，主要体现在预测期间企业出现的各种工况及事件。

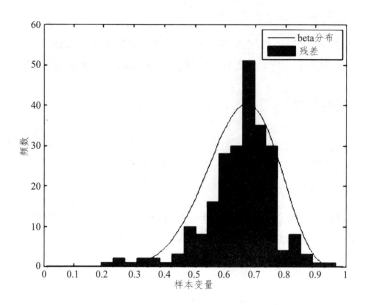

（a）Beta 分布拟合

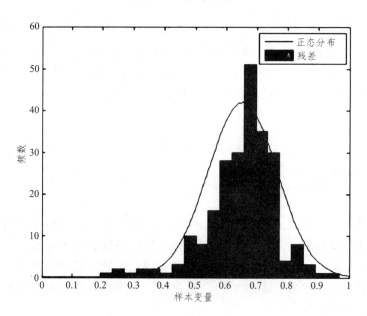

（b）正态分布拟合

图 3.5　模型残差分布拟合

3.4　本章小结

（1）指出影响自备电厂煤气供入量波动的已知因素，基于煤气供入量复杂性、关联性、延迟性、随机性的数据特征，采用 ARMA 时间序列的方法对其建立预测模型，特点是使平滑误差项的方差达到最小。

（2）以钢铁企业 X 自备电厂为例对其煤气供入量进行短期预测，验证模型的有效性和合理性。首先通过对原始数据的分析与整理，建立自备电厂煤气供入量的 ARMA 主体模型，然后对主体模型的随机扰动项建立 ARCH 辅助模型，把两种方法组合建立了 ARMA(2, 4)-ARCH(1)模型，最终得到预测模型的相对误差最高为 1.95%，预测效果较好，证明此模型能够很好地预测这一类时间序列，同时能够保证一定的精度范围，为后续自备电厂煤气系统的优化调度奠定基础。

（3）结合概率分布对预测模型残差序列进行统计分析，通过拟合分布及参数计算得到结果逼近正态分布，得到生产过程稳定性差是导致预测模型残差大的主要原因的结论，与企业实际生产情况相吻合。

4　钢铁企业自备电厂煤气系统优化调度研究

钢铁企业煤气系统静态平衡是实现整个钢铁企业煤气系统相对平衡的基础，然而仅研究静态平衡是远远不够的。实际生产中，煤气系统的发生、储存和使用随时间变化很大，为了更加有效地降低煤气放散率，必须深入研究自备电厂煤气系统的动态优化调度问题。目前，钢铁企业将自备电厂煤气系统的调度纳入全厂煤气系统调度中，调度方式粗犷，各机组的负荷常常是凭借操作经验进行分配，不能科学地利用富余煤气资源。因此，在上一章自备电厂煤气供入量准确预测的基础上，建立了考虑环境因素的多周期自备电厂煤气系统优化调度模型，该模型为了使包括锅炉燃料费、设备启停费、设备维护、环境成本等各项费用的生产运行成本最低，通过改进粒子群优化算法对所建立的混合整数非线性规划模型求解，确保各机组运行在最佳负荷区域，实现锅炉燃料和负荷的合理分配，提高自备电厂的发电效率，对钢铁企业自备电厂锅炉的稳定运行和环境保护有着重要的意义。

4.1　自备电厂锅炉及燃料调节特点

锅炉作为自备电厂的主要设备，消耗煤气、煤粉等燃料生产蒸汽和电力，是钢铁企业煤气系统的主要缓冲用户，且缓冲能力相对较大。钢铁企业根据规模的不同，采用的发电方式也不同，锅炉的煤气缓冲量也不同，产生的效益也有差异，燃料变化时必须提前通知自备电厂锅炉预留出燃料切换的时间，如果管理、预测不合理，会出现煤气没有合适的用户而大量放散，浪费能源，污染环境；同时由于煤气短缺造成气柜存在安全隐患[146]。因此，为了有效地利用煤气资源，通过自备电厂煤气系统优化调度模型实现煤气系统的合理调度，减少煤气的放散，确保企业安全、高效地利用煤气，降低自备电厂煤气系统的总运行成本。

4.1.1 自备电厂锅炉的工作特点

自备电厂锅炉作为煤气系统的主要缓冲用户，消耗企业的富余煤气资源，同时向企业提供质量合格的热能和电能。目前，自备电厂煤气系统主要有 CCPP、掺烧煤气燃煤锅炉发电和纯燃煤气锅炉发电等方式，由于 CCPP 机组要求煤气供应量稳定，属于"刚性"用户，锅炉在消耗煤气时要根据煤气的统计特性来确定实际消耗的煤气量。同时，锅炉负荷的状况和锅炉运行效率之间存在着相互协调的问题，在设计合理、运行正常的情况下，负荷降低以后，锅炉效率大都呈下降趋势，一般情况下，最佳效率区在额定蒸发量的 85%～100% 范围内，若低于 85% 或者超出 100% 运行，锅炉效率都会急剧下降。因此，力求使锅炉在最佳效率区运行，防止锅炉低负荷或者超负荷运行。

在生产中，对于纯燃煤气锅炉和掺烧煤气燃煤锅炉，锅炉工况频繁变化，会直接影响燃烧过程的稳定性及经济性，并且影响程度很大。一般来说，波动如果在额定负荷的 5% 范围内，锅炉是完全正常的；波动在额定负荷的 10% 左右，影响开始加剧，加剧的程度除与波动范围有关外，更取决于负荷变化的特征。可将负荷变化分为以下四种类型：① 周期变化；② 频繁悬殊变化；③ 不规则变化；④ 不规则剧急变化。负荷的变化对锅炉运行经济性的影响主要反映在两个方面：一是燃烧调整滞后，来不及适应负荷的变化，造成煤气与助燃风比例失调；二是为了适应负荷的变化，燃烧工况处于非稳定状态，燃烧调整失控，造成诸如煤区脱火、出渣区跑红火、烟筒冒黑烟等不正常情况发生，燃烧效率显著下降。由此不难看出，②、③ 类型对锅炉运行经济性的影响最为严重，目前，技术人员采用人工调整来解决，但只是不同程度的缓解，不能合理、准确地调整锅炉的负荷和燃料消耗量[59-60]。

4.1.2 燃料调节特点

针对钢铁企业自备电厂燃气锅炉，必须考虑煤气的调节对锅炉负荷的影响。在保证生产中主用户煤气用量充足、主管网压力稳定的前提下，将自备电厂锅炉作为消耗企业富余煤气的最后用户，但是由于煤气管路长、沿程压力损失大，锅炉煤气压力偏低；同时由于高炉生产工艺的要求，造成锅炉中煤气供应量不稳，锅炉必须频繁调整燃烧以适应外部燃料的变化，从而造成高炉煤气无法作为锅炉负荷的主要燃料[61]。

　　煤气柜和自备电厂锅炉是钢铁企业的主要缓冲用户。自备电厂锅炉缓冲时间长、数量大且相对稳定的煤气量，煤气柜缓冲波动大但数量小的剩余煤气量，如图 4.1 所示。本章结合自备电厂锅炉负荷、燃料的操作条件和变化特点，针对钢铁企业自备电厂煤气系统存在的问题，在分析煤气系统结构的基础上，建立自备电厂煤气系统优化调度模型，使自备电厂充分缓冲富余煤气量，实现锅炉负荷、燃料的优化调度。

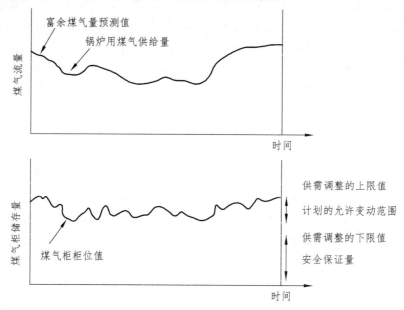

图 4.1　富余煤气量缓冲示意图

4.2　自备电厂煤气系统优化调度模型

　　钢铁企业是污染大户，也是产生污染物的主要来源，将环境成本作为钢铁企业自备电厂煤气系统总运行成本的一部分，对环境保护和经济协调发展有着十分重要的意义；同时，锅炉负荷波动频繁，为了满足钢铁企业对蒸汽和电力的需求，实现企业节能降耗的目的，必须保证自备电厂锅炉在最优状态运行。基于上述两点，本节建立了自备电厂煤气系统多周期混合整数非线性规划（MINLP）优化调度模型，将环境成本作为目标函数中的一项，运用改进的粒子群优化算法对其求解，得到了经济性和可操作性都较好的运行计划方案，为钢铁企业自备电厂管理人员提供了定量的计划调度指导。

4.2.1 模型建立思想

在目前钢铁企业煤气系统总成本核算中，环境成本往往被忽视，这就造成了对煤气系统总运行成本的低估，锅炉是自备电厂产生污染物的主要来源。因此，将环境成本引入到自备电厂煤气系统优化调度研究中，不仅能得到煤气系统对环境影响的客观反映，也能督促整个钢铁企业的可持续发展，对整个钢铁生产过程系统的能源利用率和经济性都具有重要的影响[62]。

锅炉系统安全、稳定地运行是整个企业安全、稳定、长周期运行的基础，但在实际生产中，自备电厂燃气锅炉的运行计划还是凭借操作经验进行调度的，造成手工操作不能科学地利用资源，并且企业对煤气系统的调度是在一段长周期的运行规划中，这样得到的方案常常是不可行的或者非最优的，而短期内的运行优化可以最大限度地减少不确定性，优化结果也更切合实际。

基于上述考虑，在上一章自备电厂煤气供入量预测模型的基础上，本文将研究自备电厂一段时间内 T 个操作周期煤气系统的运行优化问题。模型建立思想如图 4.2 所示。

4.2.2 模型假设

钢铁企业自备电厂中，影响各设备能耗的因素较为复杂，为此对所建立的优化调度模型提出如下几个假设，在此基础上，建立钢铁企业自备电厂煤气系统优化调度模型。假设如下：

（1）对每个锅炉，使用的燃料均为煤气或者煤粉；

（2）对每个锅炉，使用不同种类煤气时将不影响规划期内的产能；

（3）在模型建立周期内，各锅炉的能耗水平及热工参数以当前运行水平为准；

（4）在模型建立周期内，对相同的用能设备，设其耗能水平及热工参数相同；

（5）在模型建立周期内，以煤气或者煤粉为燃料的锅炉在 T 个操作周期内效率是恒定的。

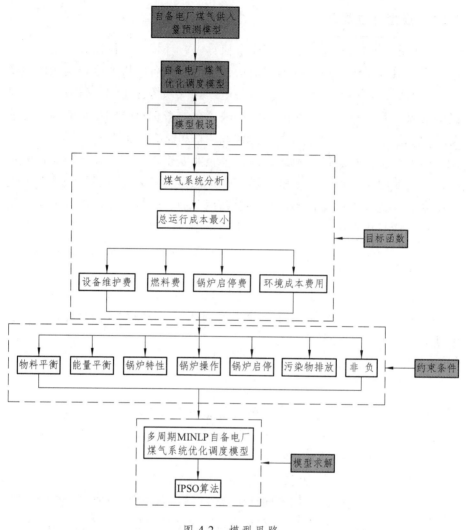

图 4.2　模型思路

4.2.3　目标函数

钢铁企业自备电厂煤气系统优化调度的原理是在保证生产安全稳定的前提下，达到能源利用效率最大化，总运行成本最小化。煤气在各燃料系统产生后，部分进入生产设备被用于二次燃料，部分用于自备电厂锅炉发电，为了使生产达到安全稳定，煤气的产生和消耗量在理论上是相等的，然而，煤气的产生和消耗是间断性、没有规律的，这就造成煤气势必会出现短暂的放散或不足。煤气柜作为存贮煤气的缓冲用户，可以在某种程度上解决这个问题，但是由于煤气柜容量的有限性，煤气放散问题仍然时常发生，从而造成了巨大的经济损失。那么这种煤气产生和消耗的不平衡性，只有通过自备电厂的缓冲作用才能得以解决。显然，当富余煤气的量可以满足锅炉生产，而不需要再外购燃料时，则没有附加费用产生，这时是最节省总成本的；此外，为了保证锅炉的平稳燃烧，频繁地开停锅炉是不利的，最好在生产过程中减少锅炉开停次数带来的设备维修费，由于各个锅炉的效率、容量、燃料种类等特性不同，所以在整体优化时，要考虑到每台锅炉的负荷优化分配问题，确保锅炉在最佳负荷区域附近运行，以减少燃料燃烧及燃烧后引起的环境成本费用。综上所述，总运行成本最小化的最优操作条件主要考虑到如下几方面：

（1）生产系统的燃料成本最小化；

（2）锅炉中燃烧器的开停次数最小；

（3）锅炉燃烧煤气产生的污染物最少。

本书考虑钢铁企业自备电厂一段时间内 T 个操作周期的煤气系统优化调度问题，以全周期内的总运行成本最小化为目标函数，充分考虑了影响自备电厂煤气系统生产成本的各个因素，包括设备维护费、燃料费用、锅炉启停费用及环境成本费用，环境成本主要是锅炉燃料燃烧后产生污染物带来的环境成本。具体目标函数为

$$\min C = \left(\sum_i \sum_t Y_{i,t} Z_{i,t} + \sum_i \sum_t C_{\text{fuel } i,t} Q_{\text{fuel } i,t} + \sum_i \sum_t R_{i,t} Y_{i,t} + \sum_i \sum_t R'_{i,t} Y'_{i,t} + \right.$$
$$\left. \sum_j \sum_t C_{\text{e } j,t} \right) \times \tau$$

$$(4\text{-}1)$$

式中　C——全周期的总费用，元；

$Y_{i,t}$——锅炉的折旧费，元/h；

$Z_{i,t}$——周期 t 锅炉 i 运行状态的 0~1 变量，0 代表不运行，1 代表设备运行；

C_{fuel}——燃料的价格，元/m³；

Q_{fuel}——燃料的消耗量，m³；

R，R'——锅炉单次停运/启动费用，元；

Y，Y'——锅炉的停运/启动状态 0~1 变量；

C_e——环境成本，元；

i, j, t——锅炉数、污染物种类、周期数；

τ——为每个周期的工作时间，h。

其中，目标函数的第一项代表锅炉的设备维护费用；第二项代表以煤气或者煤粉作为燃料锅炉的燃料总费用；第三项和第四项分别代表锅炉的停运/启动费用；第五项代表锅炉燃料燃烧后污染物引起的环境成本费用。对自备电厂煤气系统的环境成本和锅炉经济负荷具体计算如下：

1. 自备电厂煤气系统环境成本的计算

针对锅炉缓冲富余煤气燃烧后对环境的影响，本文主要考虑燃料燃烧后所排放废气（包括 NO_x，CO_2，CO 等）产生的环境成本。根据污染物的环境价值和我国对各种废弃的排污收费标准，换算得到 SO_2 环境价值估算为 5.04 元/kg，NO_x 为 8 元/kg，CO 为 1 元/kg。根据 CO_2 的环境价值估算得到我国电厂 CO_2 的环境价值估算值为 23 元/t。

（1）对煤气燃烧后产生污染物带来的环境成本计算：

$$C_{e,bur} = \sum_t \sum_j EV_j \times M_{bur,j} \qquad (4\text{-}2)$$

式中　$C_{e,bur}$——煤气燃烧产生的污染物带来的环境成本，元；

　　　$M_{bur,j}$——煤气燃烧后产生气体中污染物的质量，t。

煤气燃烧后产生污染物的体积百分含量根据燃烧前后的物料平衡计算如式（4-3）所示。

$$V_{bur,j} = \sum_t \sum_j \beta_j^G \times F_{bur,t}^G \qquad (4\text{-}3)$$

式中　β_j^G——煤气燃烧后产生污染物 j 的体积百分含量，%；

　　　$F_{bur,t}^G$——燃烧煤气的体积量，m³。

根据阿伏伽德罗定律，将污染物体积排放量换算成质量如式（4-4）所示。

$$M_{bur,j} = \frac{V_{bur,j} \times M_j}{22.4 \times 10^6} \qquad (4\text{-}4)$$

式中　$V_{bur,j}$——污染物的 j 的体积，L；

　　　M_j——污染物 j 的摩尔质量，g/mol。

由式（4-2）~（4-4）计算可得到煤气燃烧后产生污染物带来的环境成本。

（2）本书对锅炉使用的少量石油不做考虑，只考虑煤燃烧后产生污染物带来的环境成本：

$$C_{e,coal} = \sum_t \sum_j EV_j \times \frac{\eta_j^{coal} \times M_{coal,t} \times M_{coal,j}}{M'_{coal,j}}$$（4-5）

式中　η_j^{coal}——煤燃烧后产生污染物 j 的质量百分含量，%；

　　　$M_{coal,t}$——锅炉燃烧煤的质量，t；

　　　$M_{coal,j}$——污染物 j 的分子量；

　　　$M'_{coal,j}$——煤中污染物含有的 C、N、S 元素的原子量。

由式（4-5）计算可得到煤燃烧后产生污染物带来的环境成本。

2. 自备电厂锅炉经济负荷的测算

目前自备电厂锅炉仍然存在低负荷和超负荷运行现象，使锅炉的经济性受到影响，同时锅炉负荷工况的变化造成负荷频繁波动，会直接影响燃烧过程的稳定性及经济性，这两种现象都使锅炉处于低效率运行状态。因此，为了提高锅炉运行的经济性，应尽量保证各台锅炉运行在最佳经济负荷区域，找到锅炉最佳负荷所对应的单位煤气消耗量，可以直接反映各台锅炉运行的经济性。

（1）锅炉煤气消耗量与蒸发量的关系。

钢铁企业由于煤气波动频繁，导致锅炉的负荷变化也很频繁，而实际运行状态的变化对锅炉效率产生很大的影响，同一台锅炉的实际效率往往和设计值相差较大，因此，锅炉常常在偏离设计工况的情况下运行。通过对企业实际锅炉运行数据拟合得到锅炉煤气消耗量和锅炉负荷变工况特性。图 4.3 是某钢铁企业自备电厂 130 t/h 锅炉的煤气消耗量和锅炉负荷之间的关系，图 4.4 是煤气消耗量倒数和负荷倒数之间的关系曲线。由图 4.3 可以看出，锅炉负荷与煤气消耗量呈非线性关系，一些文献中对其拟合也得到了非线性的多项式形式[63-64]，由图 4.4 可以看出煤气消耗量的倒数和蒸发量的倒数接近于线性关系，即

$$\frac{1}{Q} = a \times \frac{1}{D} + b$$（4-6）

$$Q = \frac{D}{a + bD}$$（4-7）

式中　Q——锅炉的煤气消耗量，m³/h；

　　　D——锅炉稳定运行的实际负荷，t/h；

　　　a，b——模型参数。

因此，对于锅炉煤气消耗量和锅炉负荷之间可以由非线性转化为线性

的关系，为了方便模型的求解，将式（4-7）作为后续煤气系统多周期优化调度模型的一个约束条件。

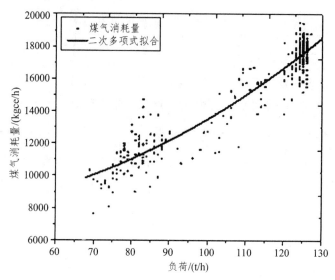

图 4.3　130 t/h 锅炉负荷-煤气消耗量关系

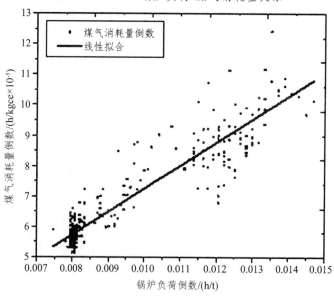

图 4.4　130 t/h 锅炉负荷倒数-煤气消耗量倒数关系

（2）锅炉经济负荷的测算。

一般来说，锅炉负荷降低，效率降低，但是当负荷升高时，各台锅炉效率的变化是有差别的。负荷降低时锅炉效率有的升高，有的在最大负荷时效率并不是最高，因此，锅炉会出现经济负荷点。以自备电厂每台锅炉的煤气消耗量和锅炉实际负荷数据为基础，根据最小二乘法辨识各台锅炉的负荷特性模型。采用非线性形式，可设模型为

$$Q = a_0 + a_1 D + \ldots + a_n D^n \tag{4-8}$$

式中　D——锅炉稳定运行的实际负荷，t/h；

　　　Q——锅炉负荷为 D 时的煤气消耗量，m^3/h；

　　　$a_0, a_1, \ldots, a_n$——模型待辨识参数。

利用最小二乘法原理，使模型参数误差的平方和最小，即

$$\min f = \sum_{i=0}^{n} (a_i - a_i^0)^2 \tag{4-9}$$

式中，a_i^0 为模型参数 a_i 的真实值。在实际生产中，上述模型为二次函数就可以完全满足生产需要，则

$$Q = a_0 + a_1 D + a_2 D^2 \tag{4-10}$$

根据式（4-10）得到单台锅炉单位产气量所消耗的煤气量为

$$q = \frac{a_0}{D} + a_1 + a_2 D \tag{4-11}$$

式中　q——锅炉单位产气量所消耗煤气量，kgce/t。

根据式（4-11）的数学特征可以得到锅炉运行的经济负荷，相应可计算出各台锅炉在经济负荷时所对应的煤气消耗量。

4.2.4　约束条件

基于上述建立的目标函数，在计算过程中需要一些合理的约束条件，应充分考虑实际运行过程中各台锅炉性能、状态的优劣。主要包括能源平衡约束、物料平衡约束、锅炉特性约束、非负约束等。

（1）物料平衡约束。

在实际生产中，锅炉设备必须满足使用的煤气量物料平衡。

$$q_{i,t}^g = M_i^G (n_{i,t}^g - n_{i,t-1}^g) \Delta t \tag{4-12}$$

式中　$q_{i,t}^g$——锅炉煤气消耗量，m^3/h；

　　　M_i^G——锅炉烧嘴的改变量，m^3/h；

$n_{i,t}^g$、$n_{i,t-1}^g$——t、$t-1$ 周期锅炉烧嘴的数量。

（2）能量平衡约束。

在满足物料平衡的同时，系统中的每个设备能量也必须守恒。

$$\sum_i \sum_t q_{g_j,i,t} h_t^{g_j} + \sum_i \sum_t q_{\text{coal},i,t} h_t^{\text{coal}} = \sum_i \sum_t \frac{H_{i,t}^{\text{steam}} q_{i,t}^{\text{steam}} - H_{i,t}^{\text{water}} q_{i,t}^{\text{water}}}{\eta_i^{g_j}} \quad （4\text{-}13）$$

式中　$q_{g_j,i,t}$——锅炉消耗的第 j 种煤气量，m^3；

　　　$h_t^{g_j}$——第 j 种煤气的热值，kJ/m^3；

　　　$q_{\text{coal},i,t}$——锅炉消耗的煤量，m^3；

　　　h_t^{coal}——煤的热值，kJ/m^3；

　　　$H_{i,t}^{\text{steam}}$——周期 t 锅炉 i 产生蒸汽的焓值，kJ/m^3；

　　　$H_{i,t}^{\text{water}}$——周期 t 锅炉 i 消耗水的焓值，kJ/m^3；

　　　$q_{i,t}^{\text{steam}}$——周期 t 锅炉 i 产生蒸汽量，m^3；

　　　$q_{i,t}^{\text{water}}$——周期 t 锅炉 i 消耗水的量，m^3；

　　　$\eta_i^{g_j}$——t 周期内锅炉 i 的效率，%；

g_j 中当 $j=1$，2，3 时分别表示高炉煤气、焦炉煤气、转炉煤气。

（3）锅炉特性约束。

锅炉特性对整个周期的运行优化至关重要，因此，合理建立锅炉特性约束显得尤为重要。

$$\frac{1}{Q_{i,t}} = a \times \frac{1}{D_{i,t}} + b \quad （4\text{-}14）$$

式中　$Q_{i,t}$——周期 t 锅炉 i 的煤气消耗量，m^3/h；

　　　$D_{i,t}$——周期 t 锅炉 i 稳定运行的实际负荷，t/h；

　　　a，b——模型参数。

（4）锅炉负荷变化约束。

为了保证锅炉安全稳定地运行，锅炉负荷不能连续急剧变化，因此，建立以下约束：

$$Y_{i,t}' = Z_{i,t} - Z_{i,t-1} \quad （4\text{-}15）$$

$$Y_{i,t} \geqslant Z_{i,t} - Z_{i,t+1} \quad （4\text{-}16）$$

式（4-15）中，如果第 i 台锅炉在 $t-1$ 个周期停运，在 t 个周期启动，则启动变量 $Y_{i,t}' = 1$，否则 $Y_{i,t}' = 0$；$Z_{i,t-1} = 0$。

式（4-16）中，如果第 i 台锅炉在 t 个周期启动，在 $t+1$ 个周期停运，则停运变量 $Y_{i,t}=1$，否则 $Y_{i,t}=0$；$Z_{i,t+1}=0$。

（5）锅炉操作约束。

锅炉在稳定生产时也有一定的操作限制，企业为了利用煤气多发电而采取锅炉多烧煤气的方法，造成锅炉供给的煤气量超过了设计燃烧的能力，影响了锅炉完全燃烧的程度，既浪费了能源又对环境造成了污染，因此，优化时要满足

$$Q_{i,t}^{\text{G,min}} \leqslant q_{i,t}^{g} \leqslant Q_{i,t}^{\text{G,max}} \tag{4-17}$$

$$Q_{i,t}^{\text{steam,min}} \leqslant q_{i,t}^{\text{steam}} \leqslant Q_{i,t}^{\text{steam,max}} \tag{4-18}$$

式中　$Q_{i,t}^{\text{G,min}}$、$Q_{i,t}^{\text{G,max}}$——锅炉燃用煤气的最小值、最大值；

$Q_{i,t}^{\text{steam,min}}$、$Q_{i,t}^{\text{steam,max}}$——锅炉产生蒸汽的最小值、最大值。

（6）各台锅炉蒸发量约束。

在实际生产中，锅炉如果不稳定运行将导致锅炉回火、压力波动，造成经济损失。为此，让锅炉按照额定效率稳定运行是很重要的，锅炉低负荷或者超负荷运行都是低运行方式。

$$D_{i\,\text{min}} \leqslant D_i \leqslant D_{i\,\text{max}} \tag{4-19}$$

式中　$D_{i\,\text{min}}$、$D_{i\,\text{max}}$——第 i 个锅炉额定蒸发量的最小值、最大值。

（7）启停约束。

锅炉频繁的开/关需要额外的工作量并影响锅炉的稳定运行和设备的使用寿命，因此，需要对锅炉有一定的启停约束。

$$Q_{i,t} - MY_{i,t} \leqslant 0 \tag{4-20}$$

$$Q = a_0 Y_{i,t} + a_1 Y_{i,t} D_i + a_2 Y_{i,t} D_i^2 \tag{4-21}$$

$$D_{i\,\text{min}} Y_{i,t} \leqslant D_{i\,\text{max}} Y_{i,t} \tag{4-22}$$

式中，M 是一个足够大的数，Y_i 是一个 $0 \sim 1$ 整数变量。停止状态，$Y_i=0$；开机状态，$Y_i=1$。

（8）第 j 种污染物排放限值约束。

保证某种污染物的排放量必须小于或者等于国家对其允许排放的最大量，即：

$$F_{\text{emi},j} \leqslant LEM_j \tag{4-23}$$

式中　$F_{\text{emi},j}$——污染物 j 的排放量，t/h；

LEM_j——污染物 j 的允许排放量，t/h。

（9）非负约束。

目标函数中所有变量必须大于零，即：

$$X_{i,j} \geq 0 \left(i = 1, 2, \cdots, k \right) \tag{4-24}$$

综上所述，建立了钢铁企业自备电厂煤气系统优化调度模型，在满足生产正常的情况下，以全周期内的总成本最低为目标，确定各约束条件。

4.2.5 模型求解

以上所建立的自备电厂煤气系统优化调度模型属于整数非线性规划模型，并且涉及多个时间段，又称作多周期混合整数非线性规划模型（MINLP）。本书采用一种改进的粒子群优化算法对所建立的自备电厂煤气系统多周期混合整数非线性规划优化调度模型进行求解，通过对原始粒子群算法的惯性权重和加速因子进行改进，将目标函数作为适应度函数，根据改进后的进化方程来更新粒子速度、位置完成迭代寻优，提高了算法的收敛速度和粒子全局最优点的收敛能力。

1995 年，Kennedy 与 Eberhart 提出了粒子群（PSO）算法，此算法是计算智能领域的一种群智能算法，通过个体间的协作和竞争实现全局搜索，具有并行处理、鲁棒性好等特点，能以较大概率找到问题的全局最优解，且计算效率比传统随机方法高，其最大的优势在于简单易实现、收敛速度快[65]。系统初始化的随机解称为粒子，此算法不同于遗传算法，没有交叉和变异算子，它通过粒子群在解空间追随最优的粒子飞行，完成数学公式的迭代寻优。其数学描述为：设一个 n 维的搜索空间，由 m 个粒子组成的种群 $X = \{x_1, \cdots x_t, \cdots, x_m\}$，其中，第 i 个粒子的位置为 $X_i = \{x_{i1}, x_{i2}, \cdots, x_{in}\}$，速度为 $V_i = \{v_{i1}, v_{i2}, \cdots, v_{in}\}$，个体极值为 $pbest_i = \{pbest_{i1}, pbest_{i2}, \cdots, pbest_{in}\}$，全局极值为 $gbest_i = \{gbest_{i1}, gbest_{i2}, \cdots, gbest_{in}\}$。按照追随当前最优粒子的原理，粒子按式（4-25）、（4-26）更新自己速度和位置。

$$v_{in}^{k+1} = v_{in}^k + c_1 r_1^k \left(pbest_{in}^k - x_{in}^k \right) + c_2 r_2^k \left(gbest_{in}^k - x_{in}^k \right) \tag{4-25}$$

$$x_{in}^{k+1} = x_{in}^k + v_{in}^{k+1} \quad \left(i = 1, 2, \cdots, m \right) \tag{4-26}$$

式中　　v_{in}^{k+1}——粒子 i 在第 k 次迭代中第 n 维的速度；

　　　　x_{id}^k——粒子 i 在第 k 次迭代中第 n 维的位置；

　　　　$pbest_{in}^k$——粒子 i 在第 n 维的个体极值点的位置；

$gbest_{in}^{k}$——整个群体在第 n 维的全局极值点的位置；

c_1, c_2——学习因子；

r_1, r_2——[0, 1]之间的随机数。

1998 年，Shi 和 Eberhart 提出了带有惯性权重的改进粒子群算法[66]，基本数学描述同上所述，其进化方程为

$$v_{in}^{k+1} = wv_{in}^{k} + c_1 r_1^{k}(pbest_{in}^{k} - x_{in}^{k}) + c_2 r_2^{k}(gbest_{in}^{k} - x_{in}^{k}) \qquad (4\text{-}27)$$

$$x_{in}^{k+1} = x_{in}^{k} + v_{in}^{k+1} \quad (i=1,2,\cdots,m) \qquad (4\text{-}28)$$

式中，w 为惯性权重；其他参数意义与前面基本粒子群法相同。

随着问题维数的增加，基本 PSO 算法的优化性能会急剧下降，容易陷入局部最优点，收敛较慢等问题体现的十分明显。为了克服这一缺点，本文使用一种改进的粒子群算法，即随着迭代次数的增加，采用使惯性权重 w 线性递减，使加速因子 c_1 线性递减，加速因子 c_2 线性递增[67-69]，w、c_1、c_2 分别按式（4-29）~（4-31）进行调整计算，粒子按式（4-27）、（4-28）更新自己速度和位置。因此，改进 PSO 算法除了具备基本 PSO 算法的优点外，可以提高算法收敛速度、跳出局部最优的能力，这样就加强了粒子全局最优点的收敛能力。

$$\omega = \omega_s - k \times (\omega_s - \omega_e) / K \qquad (4\text{-}29)$$

$$c_1 = c_{1s} + k \times (c_{1e} - c_{1s}) / K \qquad (4\text{-}30)$$

$$c_2 = c_{2s} + k \times (c_{2e} - c_{2s}) / K \qquad (4\text{-}31)$$

式中　c_{1e}, c_{1s}, c_{2e}, c_{2s}——c_1 的终值、初值和 c_2 的终值、初值；

ω_e、ω_s——ω 的终值、初值；

k——当前迭代次数；

K——最大迭代次数。

基本流程如下：

（1）初始化粒子群，包括群体规模 N、每个粒子的位置 X_i 和速度 V_i；

（2）计算每个粒子的适应度值 $F_{it}[i]$；

（3）对每个粒子，用它的适应度值 $F_{it}[i]$ 和个体极值 $P_{best}(i)$ 比较，如果 $F_{it}[i] > P_{best}(i)$，则用 $F_{it}[i]$ 替换掉 $P_{best}(i)$；

（4）对每个粒子，用它的适应度值 $F_{it}[i]$ 和全局极值 g_{best} 比较，如果 $F_{it}[i] > g_{best}$，则用 $F_{it}[i]$ 替换掉 g_{best}；

（5）根据公式（4-26）、（4-27）更新粒子的速度 V_i 和位置 X_i；

（6）如果满足结束条件，即误差足够小或者达到最大循环次数则退出，

否则返回（4-25）。

4.3 本章小结

（1）本章通过对自备电厂锅炉及燃料负荷的工作特点分析，针对锅炉负荷频繁波动、自备电厂煤气系统调度不合理的问题，以物料平衡、能量平衡、锅炉特性、锅炉操作、污染物排放等为约束条件，以自备电厂煤气系统总运行成本最低为目标函数，建立了自备电厂煤气系统优化调度模型。

（2）将环境成本作为自备电厂煤气系统优化调度模型总运行成本的一部分，考虑了锅炉燃料燃烧后对煤气系统带来的环境成本。通过最小二乘法对锅炉特性的辨识得到最佳经济负荷模型，确保锅炉在最佳负荷区域运行。基于建立的多周期混合整数非线性规划模型，采用改进粒子群优化算法对模型进行求解，确定了最佳的锅炉负荷、燃料优化调度方案，得到的优化调度方案可用于实现自备电厂锅炉的优化运行为生产计划和系统分析提供了理论与实际依据。

5 模型应用

前几章分别建立了钢铁企业自备电厂机组配置优化模型、煤气供入量预测模型、自备电厂煤气系统优化调度模型，并进行了定性的讨论。本章在前面研究的基础上，针对应用企业的生产现状及模型特点，将钢铁企业自备电厂机组配置优化模型应用于钢铁企业 A 自备电厂中，研究企业自备电厂的最优机组配置结构；将煤气供入量预测模型和自备电厂煤气系统优化调度模型应用于钢铁企业 B 自备电厂中，研究锅炉煤气消耗量、负荷的优化调度问题。

5.1 自备电厂机组配置优化模型在钢铁企业的应用

5.1.1 企业概况

应用企业为生产规模 1 600 万吨/年的大型钢铁企业 A，年工作时间 7 000 h。年产烧结矿 1 550 万吨，球团矿 210 万吨，铁 1 520 万吨，钢 1 600 万吨。企业有烧结机 6 台，高炉 7 座，转炉 9 座，轧线 6 条，生产流程如图 5.1 所示。2010 年钢铁企业 A 生产铁 1 250.7 万吨，钢 1 190.2 万吨，材 1 103.8 万吨，综合成材率 93.1%，高炉入炉矿品位 59.2%，入炉矿中球团矿比 26.7%，入炉焦比 379 kg/t，煤比 135 kg/t，吨钢综合能耗 872.4 kgce/t。在能源结构方面，煤的比例为 76.9%，因自发电量不足，外购电力比例为 17.1%。整个煤气系统主要由煤气的发生、净化、存储、分配和使用等单元构成，管网复杂，设备众多，水平参差不齐。煤气资源占整个企业能源总量的 31%，煤气供应以高炉煤气、焦炉煤气为主，而转炉煤气回收量相对较少。有一座 30 万立方米的高炉煤气柜和一座 15 万立方米的焦炉煤气柜。

煤气系统主要存在的问题有：

（1）高炉煤气和焦炉煤气供需不平衡，转炉煤气回收率低；

（2）煤气系统缓冲、调节能力不足，造成煤气大量放散；

（3）混合煤气低发热值品种多，波动频繁；

（4）冬季、夏季煤气使用量差距大，季节性调节用户少；

（5）煤气管网错综复杂，管网压力波动大。

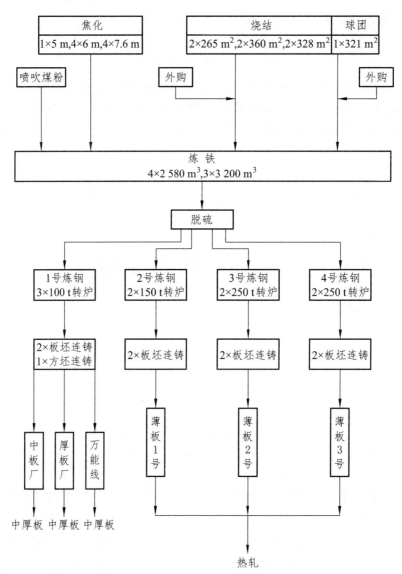

图 5.1　钢铁企业 A 生产流程示意图

5.1.2 自备电厂概况

对于富余煤气的利用，虽然产品深加工比例增大，会消耗部分富余煤气，但大部分富余煤气将用于自备电厂发电。此企业自备电厂分为一发电厂和二发电厂。一发电厂共有锅炉 18 台，50 t/h 的锅炉有 2 台，100 t/h 的锅炉有 6 台，130 t/h 的锅炉有 5 台，220 t/h 的锅炉有 5 台，共有 11 套发电机组，总装机容量为 700 MW。二发电厂有锅炉 3 台，其中两台是 400 t/h 燃煤粉掺烧煤气的锅炉，1 台是 440 t/h 燃煤锅炉，配有 3 套发电机组，总装机容量为 340 MW。

在自发电方面，自备电厂主要采用燃气锅炉、纯燃煤锅炉及掺烧煤气燃煤锅炉组成的中小发电机组发电，单套发电机组最小装机容量仅 25 MW，最大装机容量为 150 MW，年自发电能力为 72.8 亿千瓦时。A 钢自备电厂的发电机组中，低于 50 MW 的机组有 4 套，这些机组容量小且设备陈旧，再加上燃料的波动及负荷的不断变化，发电煤耗均在 0.42 kgce/kW·h 以上；25 MW 的机组有 4 套，这些机组容量也比较小，发电煤耗平均在 0.450 kgce/kW·h 左右；4 套 110 MW 的机组及 4 套 125 MW 的机组，发电煤耗一直维持在 0.40 kgce/kW·h 左右；发电机组容量小，设备落后导致发电煤耗居高不下。平均自发电能耗为 0.389 kgce/kW·h，同时企业有 TRT、CDQ 等余热余压发电装置，年发电量约为 6.8×10^8 kW·h。

从煤气回收方面，随着高炉的大型化和高效化，受焦比、喷煤和富氧水平的影响，确定回收高炉煤气为 1 292.9 m^3/t 铁，发热值约为 3 220 kJ/m^3，焦炉煤气回收量比较稳定，吨焦回收量为 330.2 m^3，发热值 17 900 kJ/m^3，转炉煤气随着炼钢转炉容积的扩大，回收量和发热值均有大幅度提高，吨钢回收量确定为 60.4 m^3/t，发热值为 8 400 kJ/m^3，企业煤气平衡状况如表 5.1 所示。

表 5.1 钢铁企业 A 煤气平衡状况

序号	项目	产品产量	单位发生量或单耗		发热值	年平衡×$10^4 m^3$		
		×10^4t/a	GJ/t	m^3/t	kJ/m^3	COG	BFG	LDG
1	炼焦	490	5.91	330	17 900	161 785		
2	炼铁	1 520	4.16	1 293	3 200		1 965 165	
3	炼钢	1 600	0.51	60	8 400			96 567

5.1.3 钢铁企业 A 自备电厂机组配置优化

根据最大煤气富余量的确定方式及表 5.1 的计算条件,得到此企业煤气富余情况如表 5.2 所示。对表中各项数据说明如下:对于各种煤气的正常发生量按年平均回收水平 100% 回收。焦炉、高炉、转炉的作业率分别为 100%、93% 和 85%;最大发生量为作业率 100% 时的发生量;高炉煤气最小发生量按一座 3 200 m³ 的高炉休风计算,焦炉煤气最小发生量按停产一座 6 m 焦炉计算,转炉煤气的最小发生量按正常发生量的 80% 计算。各主要工序消耗量以企业当年消耗水平为准,最大消耗量为各消耗设备作业率达到 100% 时的消耗量,考虑到热轧检修等因素,热轧最小消耗量为正常消耗量的 80%,其他工序与正常消耗量相同。各种煤气的富余量为发生量扣除主工序消耗量后的剩余量。

表 5.2 钢铁企业 A 煤气富余量

项目		COG /（GJ/h）	BFG /（GJ/h）	LDG /（GJ/h）	合计 /（GJ/h）
发生量	正常	4 137.07	9 039.76	1158.8	14 335.63
	最大	4 137.07	9 720.17	1 363.29	15 220.53
	最小	3 588.27	8 135.79	927.04	12 651.1
消耗量	焦化	336.95	1 596.47	20.36	1 953.78
	烧结/球团	293.44	62.71	0	356.15
	炼铁	213.94	3 016.65	30.88	3 261.47
	炼钢	210.271 8	34.52	0	235.79
	连铸	150.13	1.83	0	151.96
	精炼	12.24	0	0	12.24
	热轧	910.55	291.59	245.04	1 447.18
	冷轧	573.99	236.76	0	810.75
其他消耗量		1 130.08	52.82	17.1	1200
主工序消耗量	正常	2 692.51	5 240.53	296.28	8 229.32
	最大	3 176.53	5 613.05	370.35	9 159.93
	最小	2 510.40	5 182.21	247.27	7 939.88
富余量	正常	314.48	3 746.41	845.42	4 906.31
	最大	496.59	4 485.14	1 098.92	6 080.65
	最小	-718.34	2 469.92	539.59	2 291.17

钢铁联合企业煤气富余量随时间波动幅度很大，富余煤气全部用于发电就必然要求有相当负荷的燃气锅炉做缓冲用户，而对于锅炉操作而言，负荷频繁变化对燃气锅炉发电的效率影响极大，机组发电能力极低。其次，由于燃气锅炉容量有限，负荷调节有限，发电效率低，煤气缓冲能力小，当煤气波动较大时，必然导致煤气大量放散。因此，综合考虑上述因素，结合表5.2 中 A 钢富余煤气的状况，针对生产规模为 1 600 万吨/年的大型钢铁联合企业 A 自备电厂，且最大煤气富余量达到 6 080.65 GJ/h，适合配置 CCPP 发电机组，并辅以发电效率较高的掺烧煤气燃煤锅炉-蒸汽轮机发电机组进行发电。

1. 自备电厂机组配置优化模型的目标函数

自备电厂发电机组配置优化模型目的是合理确定自备电厂发电机组规模，减少企业能耗、降低能源费用。目标函数的建立是根据企业的历史数据，基于企业富余煤气系统的正态分布特性，并满足用能设备生产工艺要求，保证环境成本和总利润在协同优化的情况下确定发电机组的最优配置。表达式如下：

$$\min k = C_{e,i} \times \frac{1}{M_i} \tag{5-1}$$

$$\min \Delta k = P_i - P_{i-1} \tag{5-2}$$

其中，

$$P_i = \frac{C_{e,i}}{M_i - C_{e,i}} \tag{5-3}$$

（1）对 $C_{e,i}$ 的计算。

针对本企业环境成本主要包括煤气放散带来的环境成本，煤气燃烧后排放废气、掺烧煤燃烧后排放污染物带来的环境成本。此企业自备电厂三种煤气各自组成成分的体积含量如表 5.3 所示，其中掺烧煤的质量百分含量按 70%含碳量、0.5%含硫量计算。

表 5.3 三种煤气的主要组成成分 单位：%

煤气种类	煤气组成				
	甲烷（CH_4）	氢气（H_2）	一氧化碳（CO）	二氧化碳（CO_2）	氮气（N_2）
高炉煤气	1	2	28	17	52
焦炉煤气	22	58	11	5	4
转炉煤气	—	1	64	23	12

从表 5.3 看出，三种煤气自身均含有污染物为 CO 和 CO_2，则基于表 5.3 及上述计算条件得到此企业的环境成本为

$$C_{e,emi} = C_{e,emi,CO} + C_{e,emi,CO_2}$$

$$= \sum_{t=1}^{n} \left[1\,000 \times \frac{(0.28 \times V_{emi,CO}^{BFG} + 0.11 \times V_{emi,CO}^{LDG} + 0.64 \times V_{emi,CO}^{COG}) \times 28}{22.4 \times 10^6} + \right.$$

$$\left. 23 \times \frac{(0.17 \times V_{emi,CO_2}^{BFG} + 0.05 \times V_{emi,CO_2}^{LDG} + 0.23 \times V_{emi,CO_2}^{COG}) \times 44}{22.4 \times 10^6} \right]$$

（5-4）

$$C_{e,bur\,g} = C_{e,bur,CO_2}$$

$$= \sum_{t=1}^{n} \left[23 \times \frac{(0.46 \times V_{emi,CO_2}^{BFG} + 0.88 \times V_{emi,CO_2}^{LDG} + 0.38 \times V_{emi,CO_2}^{COG}) \times 44}{22.4 \times 10^6} \right]$$

（5-5）

$$C_{e,bur\,c} = C_{e,bur,CO_2} + C_{e,bur,SO_2}$$

$$= \sum_{t=1}^{n} \left[23 \times \frac{0.7 \times m_{bur,t}^c \times 44}{32} + 5\,040 \times \frac{0.05 \times m_{bur,t}^c \times 64}{32} \right]$$ （5-6）

（2）对 M_i 的计算。

本企业注册资金占项目总投资的 20%，其余 80% 拟申请银行贷款，贷款利率为 6.15%，折旧费按照折旧系数为 0.02 元/kW·h 考虑，生产能力按照机组年利用 7 000 h 计算。其余各相关参数如表 5.4 所示。

表 5.4　相关计算参数

参数	计算标准
标煤价格/（tce/元）	500
工资/（元/月）	3 000
焦炉煤气/（元/m³）	0.8
高炉煤气/（元/m³）	0.087
转炉煤气/（元/m³）	0.33
福利费系数/%	20
水费/（×10⁻³ 元/kW·h）	0.91

续表

参 数	计算标准
材料费/（元/kW·h）	0.006
其他费用/（元/kW·h）	0.01
电厂自用电/%	7

2. 自备电厂机组配置优化模型的约束条件

根据第 2 章钢铁企业自备电厂机组配置优化模型的约束条件，结合钢铁企业 A 煤气系统的实际情况建立相应的约束条件，分别为煤气系统平衡约束、发电效率和发电煤耗之间的约束、锅炉负荷和锅炉蒸发量之间的约束、CCPP 机组稳定运行约束和非负约束等。

（1）对于煤气系统平衡约束的关系式如下：

$$\sum_{i=1}^{n} N_i \times Q_i \times 3.6 \div \eta_i \times \xi_i + \sum_{l=0}^{k} K_i \times P_k \times 3.6 \div \mu_i = p \times 6\,080.65 \quad (5\text{-}7)$$

（2）发电效率和发电煤耗之间的约束。

① 对 CCPP 机组有：

$$\eta_i = \frac{0.122\,9}{\zeta_{\text{CCPP}}} \quad (5\text{-}8)$$

式中，ζ_{CCPP} 表示 CCPP 机组的发电煤耗，kgce/kW·h。

② 对掺烧煤气燃煤锅炉-蒸汽轮机发电机组有：

$$\mu_i = \frac{0.122\,9}{\zeta_{\text{c}}} \quad (5\text{-}9)$$

式中，ζ_{c} 表示掺烧煤气燃煤锅炉-蒸汽轮机发电机组的发电煤耗，kgce/kW·h。

（3）对于 CCPP 机组稳定运行约束：

① 为了使 CCPP 稳定运行，必须保证小时最小煤气富余量不低于 CCPP 机组煤气的小时正常消耗量，即

$$g_{i,\min} \geqslant 2512 \quad (5\text{-}10)$$

式中 $g_{i,\min}$ ——小时最小煤气富余量，GJ/h；

         $g_{\text{h-CCPP-}i}$ ——CCPP 机组的煤的小时正常消耗量，GJ/h。

② 为了实现煤气的近零放散，除了 CCPP 机组外，必须保证有足够的其他用户消耗煤气的小时富余量，机组锅炉的正常煤气掺烧量为 30%，最大掺烧量为 37%。即

$$2\,984 \leqslant g_i - 2\,512 \leqslant 3\,979 \tag{5-11}$$

式中 g_i —— 设计机组的小时煤气富余量，GJ/h。

（4）非负约束：

$$X_{i,j} \geqslant 0 \,(i = 1, 2, \cdots, k) \tag{5-12}$$

5.1.4 优化结果分析

将所有与实际生产相关产品的产量数据、煤气数据、相关参数代入优化模型中，通过模型验证了所有的约束条件都得到满足，可用于解决工程问题。通过运用 LINGO 软件对所建立的自备电厂机组配置优化模型进行求解，得到钢铁企业 A 自备电厂发电机组的几个典型配置方案如表 5.5 所示，其中方案二为最优机组配置方案；最优方案下煤气放散带来的环境成本、燃料燃烧后带来的环境成本如表 5.6 所示。

表 5.5 钢铁企业 A 自备电厂机组配置方案

参数	方案一	方案二	方案三	方案四
机组配置煤气设计量	C_{max}	$94.8\% C_{max}$	$85.3\% C_{max}$	$75.6\% C_{max}$
CCPP 机组容量/MW	300	300	300	300
发电效率/%	43	43	43	43
煤气消耗量/（GJ/h）	2 512	2 512	2 512	2 512
发电煤耗/（kgce/kW·h）	0.286	0.286	0.286	0.286
机组容量/MW	3×350	3×300	3×250	3×200
发电效率/%	38	37	36	35
煤气掺烧比例/%	30～37	30～37	30～37	30～37
掺烧煤气/（GJ/h）	3 481.58	3 167.03	2 625	2 160
掺煤量/（GJ/h）	6 465.791	5 881.63	4 875	4 011.43
发电煤耗/（kgce/kW·h）	0.323	0.332	0.341	0.351
锅炉额定负荷/（t/h）	440×4 400×5	440×4 400×4	440×4 400×2	440×3 400×2

表 5.5 是模型求解得到的几个典型机组配置方案,所有方案都得到一套 300 MW 的 CCPP 机组。其中方案一的机组配置结构中装机容量最大,但是这种方案配置的机组容量必然偏大, 机组长期会低效率运行;方案三和方案四得到的机组配置装机容量明显降低,且机组发电效率降低,其发电煤耗比方案二分别增加了 0.09 kgce/kW·h 和 0.19 kgce/kW·h,这两种方式必然导致煤气放散量增加,还会增加企业的煤气放散成本及环境成本。因此,最优方案使用 $94.8\%C_{max}$(最大富余煤气量)作为最优机组配置的煤气设计量,煤气富余量为 5 776.6 GJ/h,最优机组配置结构是:一套 300 MW 的 CCPP 机组,发电效率为 43%,可消耗煤气 2 512 GJ/h,发电煤耗为 0.286 kgce/kW·h;其余煤气用于 3×300 MW 的掺烧煤气燃煤锅炉-蒸汽轮机发电机组,正常煤气掺烧量比例为 30%,最大掺烧量比例为 37%,发电效率以 37% 来计算,正常掺烧煤气量为 2 627 GJ/h,最大掺烧煤气量为 3 240 GJ/h,发电煤耗为 0.332 kgce/kW·h。通过计算得到,采用一套 CCPP 机组并辅以 3 套 300 MW 的掺烧煤气燃煤锅炉-蒸汽轮机发电机组,煤气消耗量为 5 139 ~ 5 752 GJ/h,基本可以消耗掉此钢铁企业的富余煤气,实现煤气的零放散。针对此优化配置方案得到的环境成本如表 5.6 所示。

表 5.6　优化方案的环境成本

项目	环境成本/万元
煤气放散	21.51
燃烧煤气	60.41
燃烧煤	15 375.38
合计	15 457.30

由表 5.6 可知,总环境成本主要由煤气放散带来的环境成本和燃料燃烧后带来的环境成本两部分组成,其中煤气放散带来的环境成本最小,煤燃烧后排放污染物的环境成本最高,因为相对煤气而言,煤的含碳量和含硫量都较高,总费用占整个环境成本的 99%。因此,鼓励企业尽量提高技术水平,多利用自产的煤气,减少外购煤、重油等燃料,降低总的生产成本。由于掺烧煤气燃煤锅炉-蒸汽轮机发电机组的掺烧量是随着煤气富余量的变化而变化的,因此最小消耗量没有实际意义,其能量供需平衡如表 5.7 所示。

表 5.7　富余煤气发电的能量供需平衡

单位：GJ/h

项目	最大	正常	最小
煤气富余量	5 776.6	4 906.3	2 219.2
CCPP 机组煤气消耗量	2 512	2 512	2 512
掺烧煤气机组煤气消耗量	3 240	2 627	—
剩余量	24.6	−232.7	—

　　根据企业得到的机组优化配置结果，得到各种发电方式的发电效率和发电煤耗，结合企业现有的 TRT、CDQ 等余热余压回收发电机组，计算出各种发电形式的发电量，如表 5.8 所示。

表 5.8　配置优化后自备电厂发电组成

发电形式	机组容量	燃料构成		发电效率 /%	发电量 /（×10⁸kW·h）	发电煤耗 /（kgce/kW·h）
		煤粉/万吨	煤气/万吨			
CCPP	300 MW	0	62.34	43	21	0.286
掺烧煤气燃煤锅炉	3×300 MW	146.39	62.74	37	63	0.332
TRT、CDQ	—	—	—	—	6.8	0

　　由表 5.8 看到自备电厂机组优化配置后的机组平均发电煤耗为 0.309 kgce/kW·h，优化前的平均自发电煤耗为 0.389 kgce/kW·h，优化后降低了 0.08 kgce/kW·h，结合企业现有的 TRT、CDQ 发电量，总发电量合计 90.8 亿千瓦时/年，耗电按 540 kWh/t 钢计算，得到企业可以实现电力自给自足，并外供电力 4.4 亿千瓦时/年的结论。优化后机组的主要参数统计如表 5.9 及表 5.10 所示。

表 5.9　CCPP 机组参数统计

最优方案	年发电量	厂用电率	年供电量	发电设备利用时间
单位	10⁷kW·h	%	10⁵kW·h	h
	210	4	20 160	7 000

表 5.10　掺烧煤气燃煤锅炉-蒸汽轮机发电机组参数统计

参数	年发电量	厂用电率	年供电量	发电设备利用时间	年燃煤消耗量	掺煤折合标煤量
单位	10^7kW·h	%	10^5kW·h	h	10^4GJ/a	10^4tce/a
数值	630	7	58 590	7 000	4 290.8	146.39

本模型中 CCPP 机组单位投资按照 5 300 元/kW 计算，掺烧煤气燃煤发电机组单位投资按照 3 600 元/kW 计算，上网含税电价以 0.45 元/kW·h 来计算，企业所得税率按照 33% 计算。根据得到的最优机组配置及其他各项指标得出最优方案下的各项费用如表 5.11 所示。

表 5.11　费用表

参数	数值
机组配置煤气消耗量	$94.8\%C_{max}$
掺煤气机组容量/MW	3×300
CCPP 容量/MW	1×300
总投资/亿元	48.3
燃料费/亿元	19.24
放散成本	172.13
水费	783.51
工资+福利费	2 703.6
折旧费	16 800
材料费	5 040
其他费用	8 410
总成本/亿元	22.63
发电成本/（元/kW·h）	0.269
供电成本/元 kW·h	0.271
总收入/亿元	30.2884
财务费用	23 763.6
利润	52 822.06
企业所得税	17 431.28
税后利润	35 390.78

注：上述各项项目参数除了特别说明以外，单位均为万元。

由表 5.11 可以看出优化配置后整个电厂所涉及的各项费用，最终税后利润为 35 390.78 万元/年。

基于上面各项结果分析可知，自备电厂机组最优配置结构使整个钢铁企业的经济效益及各项参数指标水平有了很大的提升。主要表现在：

（1）结合钢铁企业 A 富余煤气量的统计特性，通过建立自备电厂机组配置优化模型可知：94.8%C_{max}（最大富余煤气量）为最优机组配置的煤气设计量，优化后机组配置优化方案为一套 300 MW 的 CCPP 发电机组，发电效率为 43%，3 套 300 MW 的掺烧煤气燃煤锅炉-蒸汽轮机发电机，发电效率为 37%，基本实现了煤气零放散。优化前机组容量偏小，发电效率低，总装机容量为 1 040 MW，优化后总装机容量增加了 160 MW。

（2）根据企业的实际情况得到可知，总环境成本由煤气放散和燃料燃烧后产生污染物的环境成本组成，合计 15 457.3 万元/年。其中煤气放散带来的环境成本最小，为 21.51 万元/年，煤气燃烧带来的环境成本为 60.41 万元/年，煤燃烧带来的环境成本最大，为 15 375.38 万元/年，占整个企业环境成本的 99%，造成这样的原因主要是煤的含碳量和含硫量较高。

（3）优化配置后的一套 CCPP 机组发电量为 21×10⁸ kW·h/年，三套掺烧煤气燃煤锅炉-蒸汽轮机发电机组发电量为 63×10⁸ kW·h/年，结合企业现有 TRT、CDQ 发电量为 6.8×10⁸ kW·h/年，总发电量合计 90.8 亿 kW·h/年，耗电按 540 kWh/t 钢计算，可实现企业电力自给自足，并可外供电力 4.4 亿 kW·h。

（4）根据机组优化配置后的各项参数，得到优化后整个电厂所涉及的各项费用。每年总运行成本中包括燃料费 19.24 亿元，煤气放散成本 172.13 万元，水费 783.51 万元，工人工资及福利费合计 2 703.6 万元，设备折旧费 16 800 万元，材料费 5 040 万元，其他费用 8 410 万元，平均供电成本为 0.271 元/kWh，最终税后利润为 35 390.78 万元/年。

（5）自备电厂机组配置优化后，CCPP 发电机组和掺烧煤气燃煤锅炉-燃气轮机发电机组的平均发电煤耗为 0.309 kgce/kW·h，优化前的平均自发电煤耗为 0.389 kgce/kW·h，优化后电力能值降低了 0.08 kgce/kW·h；优化前企业自发电能力为 72.8 亿 kW·h/年，优化后自发电 84 亿 kWh/年，提高了 11.2 亿 kW·h/年。日历工作时间按 7 000 h 计算，则节约标煤 23.63 万 tce/年，节能效果十分显著。

5.2 自备电厂煤气系统化优化调度模型在钢铁企业的应用

5.2.1 企业概况

钢铁企业 B 有 2 座 2 650 m³ 高炉，3 座 210 t 转炉，LF、RH、CAS 式精炼炉各一台，10 台连铸机，1 套热连轧机组。年设计能力为 450 万吨铁，450 万吨钢，400 万吨热轧板带钢。2011 年，此钢铁企业生产铁 237.83 万吨，钢 238.20 万吨，生产流程如图 5.2 所示。

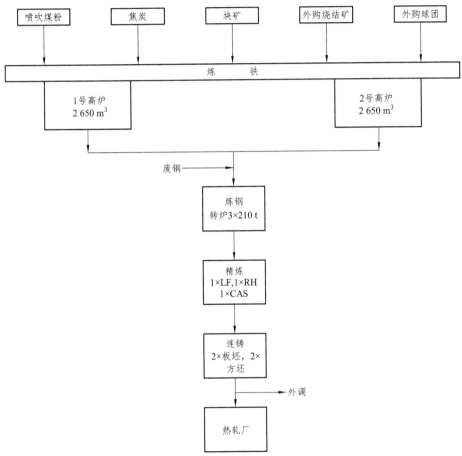

图 5.2 钢铁企业 B 生产流程图

基本能耗状况为：不包括外购烧结矿、球团矿和焦炭的能耗，电力折标系数按照 0.351 kgce/kW·h 折算，吨钢综合能耗为 604.31 kgce/t。各项生产技术指标为：高炉入炉焦比为 321.06 kg/t，喷煤比为 143.18 kg/t，转炉钢铁料消耗为 1 073.24 kg/t，连铸比为 100%，热装温度范围是 650~700 °C。由于公司规模有限，没有焦化工序、烧结工序，焦炭、烧结矿全部外购，同时自备电厂能力有限，外购电力比例大，同时还外购高炉喷吹煤。

企业自产高炉煤气和转炉煤气，所需焦炉煤气从公司附近购入。由于炼铁、炼钢产能大，所以煤气产生量大，用户只有高炉热风炉、电站锅炉等，且用量少，煤气放散严重。公司一期投产后，由于系统运行问题，造成高炉煤气放散严重。二期投产后，新建两台纯烧煤气锅炉-蒸汽轮机发电机组，新的热轧线投入使用后煤气供需趋于稳定。煤气储存方面，企业建有一座 15 万立方米的高炉煤气柜、一座 15 万立方米焦炉煤气柜，两座 8 万立方米转炉煤气柜。自备电厂采用三台纯烧煤气锅炉-蒸汽轮机发电机组发电，其中两台锅炉的负荷为 130 t/h，锅炉效率为 87.69%；一台锅炉的负荷为 220 t/h，锅炉的效率为 88.67%。装机容量为两台 25 MW 和两台 50 MW 的机组，由于生产不稳定，煤气压力、热值波动较大，自备电厂锅炉缓冲煤气量少，煤气仍然大量放散，锅炉负荷经常变化，导致当年发电煤耗高达 0.425 kgce/kW·h。

5.2.2　煤气供入量预测

本企业将富余的高炉煤气和转炉煤气用于自备电厂锅炉生产蒸汽和电力，因此，在对钢铁企业自备电厂煤气系统进行优化调度前，首先分别对钢铁企业 B 自备电厂的高炉煤气供入量和转炉煤气供入量进行预测。

1. 高炉煤气供入量预测

以 1 h 为一个计数点，选取 9 天 216 个计数点的观测值作为高炉煤气产生量的原始数据。将原始数据绘制如图 5.3 所示，从图中可看出，数据杂乱无章，无法看出煤气供入量与时间的确切关系。计算高炉煤气供入量时间序列自相关系数，得到高炉煤气供入量自相关和偏自相关分析如图 5.4 所示。由图 5.4 可见，序列的自相关系数没有很快趋近于 0，说明序列是非平稳的。因此，对原序列进行一阶差分来消除其趋势，差分后得到的新序列自相关分析如图 5.5 所示。由图 5.5 可以看出，经过一阶差分后的时间序列趋势已经基本消除，自相关系数很快趋近于 0，数据达到平稳性要求，可以对其建模。结合自相关分析图分析，分别建立 ARMA(1, 1)、ARMA(1, 2) 和 ARMA(1, 3)模型，各自模型的检验结果如表 5.12 所示。由表 5.12 可以看出，ARMA(1, 2)模型的 AIC 值和 SC 值小于 ARMA(1, 1)和 ARMA(1, 3)，且调整后的决定系数 Adjusted R^2 也高于另外两个模型。因此，建立 ARIMA(1, 1, 2)模型预测高炉煤气供入量比较合适。

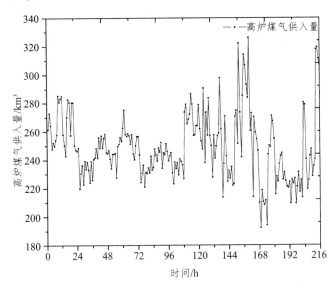

图 5.3　高炉煤气供入量时序图

Autocorrelation	Partial Correlation		AC	PAC	Q-Stat	Prob
		1	0.606	0.606	80.460	0.000
		2	0.398	0.049	115.40	0.000
		3	0.338	0.124	140.63	0.000
		4	0.357	0.157	168.91	0.000
		5	0.261	-0.063	184.13	0.000
		6	0.183	-0.012	191.61	0.000
		7	0.141	-0.008	196.08	0.000
		8	0.158	0.051	201.70	0.000
		9	0.079	-0.091	203.14	0.000
		10	-0.016	-0.094	203.20	0.000
		11	-0.062	-0.046	204.07	0.000
		12	-0.098	-0.089	206.31	0.000
		13	-0.127	-0.032	210.03	0.000
		14	-0.089	0.080	211.88	0.000
		15	-0.051	0.053	212.48	0.000
		16	-0.117	-0.113	215.72	0.000
		17	-0.120	0.031	219.13	0.000
		18	-0.055	0.081	219.84	0.000
		19	-0.026	-0.002	220.00	0.000
		20	0.010	0.096	220.02	0.000

图 5.4　高炉煤气供入量自相关和偏自相关分析图

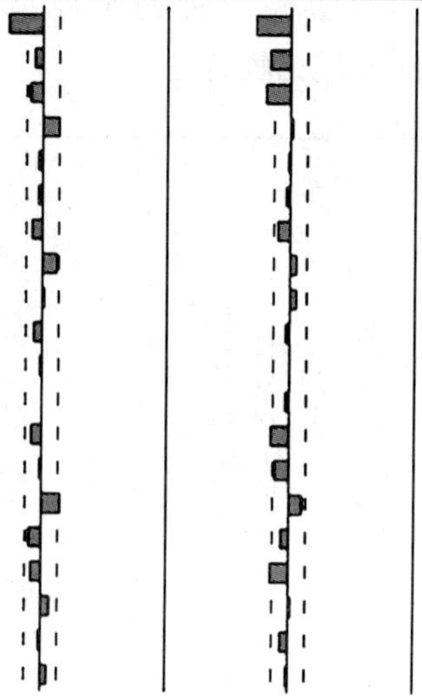

Autocorrelation	Partial Correlation		AC	PAC	Q-Stat	Prob
		1	-0.288	-0.288	18.036	0.000
		2	-0.080	-0.177	19.428	0.000
		3	-0.111	-0.212	22.130	0.000
		4	0.143	0.024	26.637	0.000
		5	-0.026	-0.010	26.782	0.000
		6	-0.031	-0.035	26.996	0.000
		7	-0.092	-0.107	28.905	0.000
		8	0.130	0.050	32.709	0.000
		9	0.014	0.046	32.751	0.000
		10	-0.065	-0.038	33.712	0.000
		11	-0.009	0.004	33.731	0.000
		12	-0.001	-0.035	33.731	0.001
		13	-0.092	-0.154	35.689	0.001
		14	-0.017	-0.120	35.758	0.001
		15	0.156	0.109	41.438	0.000
		16	-0.102	-0.073	43.886	0.000
		17	-0.098	-0.159	46.130	0.000
		18	0.078	0.021	47.563	0.000
		19	-0.012	-0.080	47.598	0.000
		20	0.047	-0.008	48.118	0.000

图 5.5 高炉煤气供入量一阶差分自相关和偏自相关分析图

表 5.12 模型检验结果对比

模型	Adjusted R^2	AIC	SC
ARMA（1，1）	0.805	22.499	22.514
ARMA（1，2）	0.892	22.452	22.499
ARMA（1，3）	0.825	22.495	22.558

通过 Eviews 软件对 ARIMA(1, 1, 2)模型系数进行估计，得到各滞后多项式的倒数根都在单位圆内的现象，说明过程是平稳的。对 ARIMA(1, 1, 2)模型进行残差检验，残差序列的自相关分析和偏自相关分析如图 5.6 所示，由图 5.6 可以看出，残差序列的自相关系数都落入随机区间，自相关系数（AC）的绝对值几乎都小于 0.1，与 0 无明显差异，表明残差序列相互独立，即为白噪声序列。因此，ARIMA(1, 1, 2)模型通过残差检验，说明模型拟合得很好。进一步将预测模型评价指标进行对比如表 5.13 所示，把 ARIMA(1, 1, 2)模型样本内预测值与实际观测值进行对比，预测的平均绝对百分误差 MAPE 为 2.11，预测精度较高，且在可控范围内。由此，根据 ARIMA(1, 1, 2)模型对后续 108 h 高炉煤气供入量进行预测，其预测结果如图 5.7 所示，相对误差曲线如图 5.8 所示，由图 5.8 得到平均误差率为 2.05%，符合模型精度要求。根据模型参数估计及检验结果可以得到钢铁企业 B 自备电厂的高炉煤

气供入量模型方程为

$$y_t = 0.799y_{t-1} + 1.239u_{t-1} - 0.242u_{t-2} \qquad (6\text{-}12)$$

Autocorrelation	Partial Correlation		AC	PAC	Q-Stat	Prob
		1	-0.004	-0.004	0.0028	0.958
		2	-0.073	-0.073	1.1730	0.556
		3	-0.067	-0.068	2.1455	0.543
		4	0.151	0.146	7.1401	0.129
		5	0.020	0.012	7.2310	0.204
		6	-0.033	-0.018	7.4723	0.279
		7	-0.062	-0.042	8.3333	0.304
		8	0.123	0.104	11.750	0.163
		9	0.031	0.017	11.965	0.215
		10	-0.066	-0.055	12.961	0.226
		11	-0.033	-0.001	13.216	0.279
		12	-0.040	-0.077	13.583	0.328
		13	-0.108	-0.137	16.285	0.234
		14	-0.022	-0.015	16.395	0.290
		15	0.109	0.116	19.164	0.206
		16	-0.105	-0.127	21.717	0.153
		17	-0.110	-0.088	24.565	0.105
		18	0.039	0.071	24.915	0.127
		19	0.000	-0.061	24.915	0.163
		20	0.042	0.056	25.345	0.189

图 5.6　适合模型残差序列的自相关-偏自相关分析图

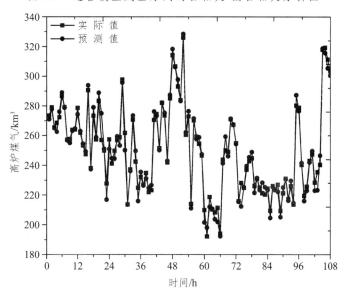

图 5.7　ARIMA(1, 1, 2)模型预测值与实际值对比图

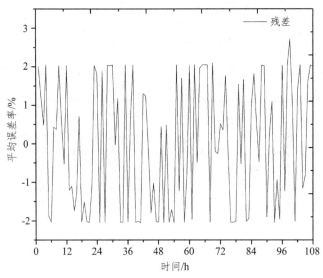

图 5.8   高炉煤气供入量预测相对误差曲线

表 5.13   模型预测评价指标对比

模型	BP	VP	TIC	MAPE
ARMA（1，1）	0.003 3	0.453 7	0.567	2.28
ARMA（1，2）	0.001 6	0.421 3	0.535	2.11
ARMA（1，3）	0.003 2	0.442	0.555	2.54

2. 转炉煤气供入量预测

以 1 h 为一个计数点,选取 9 天 216 个计数点的观测值作为转炉煤气供入量的原始数据。将原始数据绘制成折线图,如图 5.9 所示。计算转炉煤气供入量时间序列自相关系数,得到其自相关和偏自相关分析如图 5.10 所示。与高炉煤气相比,转炉煤气供入量相对波动较大,主要是由于转炉炼钢属于间歇性操作,转炉煤气的产生不是很稳定,上下波动较大。为了使数据趋于平稳,对原序列进行二阶差分来消除其趋势,差分后新序列的折线图和自相关分析分别如图 5.11 和 5.12 所示。与原始数据相比,处理后的转炉煤气供入量时间序列相对平稳。数据处理后的转炉煤气供入量时间序列自相关系数如图 5.12 所示,可见自相关系数很快趋近于 0,达到平稳性要求,可以对其进行建模。通过对其自相关和偏自相关图分析,将多种组合模型结果进行对比后可知,ARIMA(3, 2, 1)模型更加适合对转炉煤气供入量的预测。

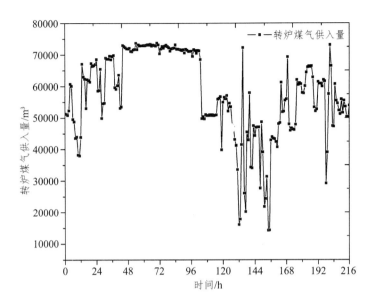

图 5.9 转炉煤气供入量原始时序图

Autocorrelation	Patial Correlation		AC	PAC	Q-Stat	Prob
		1	0.807	0.807	142.64	0.000
		2	0.668	0.049	240.90	0.000
		3	0.653	0.291	335.31	0.000
		4	0.670	0.186	434.89	0.000
		5	0.656	0.098	530.98	0.000
		6	0.585	-0.071	607.80	0.000
		7	0.559	0.086	678.28	0.000
		8	0.554	0.008	747.65	0.000
		9	0.567	0.114	820.71	0.000
		10	0.534	-0.051	885.89	0.000
		11	0.494	0.016	941.88	0.000
		12	0.485	0.017	996.21	0.000
		13	0.480	0.011	1049.8	0.000
		14	0.485	0.055	1104.6	0.000
		15	0.471	0.025	1156.6	0.000
		16	0.443	-0.027	1202.7	0.000
		17	0.485	0.201	1258.4	0.000
		18	0.517	0.047	1321.8	0.000
		19	0.486	-0.044	1378.2	0.000
		20	0.453	0.005	1427.4	0.000

图 5.10 转炉煤气供入量自相关和偏自相关分析图

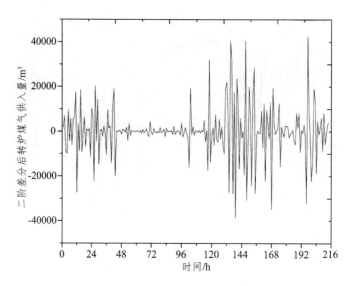

图 5.11 转炉煤气供入量经数据处理后时序图

Autocorrelation	Partial Correlation		AC	PAC	Q-Stat	Prob
		1	-0.421	-0.421	38.549	0.000
		2	-0.185	-0.441	46.035	0.000
		3	0.040	-0.390	46.386	0.000
		4	0.036	-0.398	46.668	0.000
		5	0.149	-0.163	51.589	0.000
		6	-0.147	-0.209	56.392	0.000
		7	0.047	-0.041	56.887	0.000
		8	-0.089	-0.170	58.683	0.000
		9	0.117	-0.039	61.753	0.000
		10	0.008	-0.001	61.769	0.000
		11	-0.082	0.014	63.289	0.000
		12	0.047	0.072	63.797	0.000
		13	-0.051	0.032	64.707	0.000
		14	0.041	-0.017	64.794	0.000
		15	0.080	0.148	66.296	0.000
		16	-0.173	-0.066	73.304	0.000
		17	0.022	-0.175	73.415	0.000
		18	0.132	-0.111	77.531	0.000
		19	-0.047	-0.156	78.060	0.000
		20	-0.011	-0.084	78.091	0.000

图 5.12 转炉煤气二阶差分供入量自相关和偏自相关分析图

通过 Eviews 软件对 ARIMA(3, 2, 1)预测模型系数进行估计，得到的检验结果如表 5.14 所示。进一步对 ARIMA(3, 2, 1)模型进行残差检验，由残差序列的自相关分析和偏自相关分析，发现残差没有通过检验，说明残差序列中仍然含有有用的信息。因此，对残差序列进一步做自回归条件异方差（ARCH）检验，检验结果如表 5.15 所示。表中包括了两种检验结果：第一行的 F 统计量在有限样本情况下不是精确分布，只能作为参考；第二行是 $Obs \times R$ 值以及检验的相伴概率，从表 5.15 可看出在 ARCH(1)和 ARCH(2)模型中，残差序列 p 值均小于显著性水平 0.05，则说明存在 ARCH 效应，从模型力求简洁的角度最终选择 ARCH(1)模型作为主体预测模型的辅助模型。将 ARIMA(3, 2, 1)主体预测模型中加入 ARCH 项，重新使用 Eviews 软件进行参数估计，得到结果如表 5.16 所示。由表 5.16 可看出，ARCH(1)模型的拟合优度高，当置信水平取 0.05 时，ARCH(2)模型的 χ^2 检验 p 值为 0.4067，未通过显著性检验，说明残差序列不存在 ARCH(2)效应，因此，ARCH(1)模型作为残差序列最终预测模型。对残差序列进行检验后得到残差序列为白噪声序列，通过残差序列检验。因此，建立 ARIMA(3, 2, 1)- ARCH(1)预测模型对转炉煤气供入量进行预测。将 ARIMA(3, 2, 1)-ARCH(1)预测模型样本内预测值与实际测量值进行对比，得到预测的平均绝对百分误差 MAPE 为 2.61，对后续 108 h 转炉煤气供入量进行样本外预测，其预测值和实际值对比如图 5.13 所示，预测误差曲线如图 5.14 所示。得到平均误差率为 2.43%，预测精度较高，符合模型精度要求。

基于上述分析与建模，得到 ARIMA(3, 2, 1)-ARCH(1)为本钢铁企业自备电厂转炉煤气供入量预测模型，方程如下：

ARMA 部分：

$$y_t = -0.272\,44y_{t-1} - 0.395\,34y_{t-2} - 0.221\,84y_{t-3} + 0.993\,67\varepsilon_{t-1} \quad (5\text{-}14)$$

ARCH 部分：

$$h_t = 0.044\,931 + 0.236\,83\varepsilon_{t-1}^2 \quad (5\text{-}15)$$

表 5.14 模型检验结果对比

模型	Adjusted R^2	AIC	SC
ARMA(3, 1)	0.892	20.768	20.831
ARMA(3, 2)	0.692	21.209	21.248
ARMA(4, 1)	0.737	21.033	21.097

表 5.15 　 ARCH 检验结果

模型	项目	数值	概率
ARCH(1)	F 统计量	12.351 58	0.000 541
	Obs*R^2	11.771 33	0.000 601
ARCH(2)	F 统计量	6.484 997	0.001 857
	Obs*R^2	12.379 45	0.002 050

表 5.16 　 ARCH 模型参数估计与显著性检验结果

模型	拟合优度	变量	参数估计值	相伴概率
ARCH(1)	0.902	C	0.493	0.000 0
		Resid^2（-1）	0.237	0.000 0
ARCH(2)	0.883	C	0.425	0.000 3
		Resid^2（-1）	0.223	0.001 5
		Resid^2（-2）	0.058	0.406 7

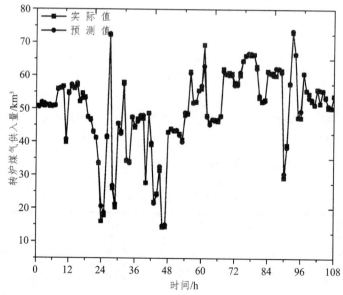

图 5.13 　 ARIMA(3, 2, 1)-ARCH(1)模型预测值与实际值对比图

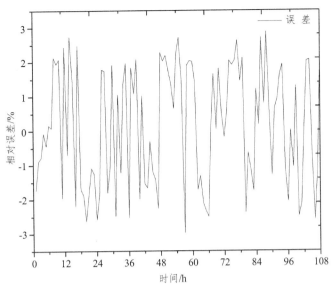

图 5.14 转炉煤气预测相对误差曲线

5.2.3 钢铁企业 B 自备电厂煤气系统优化调度

　　钢铁企业 B 的自备电厂有三台纯烧煤气锅炉，其中 1#和 2#锅炉的负荷为 130 t/h，3#锅炉的负荷为 220 t/h。两台锅炉的燃料均为高炉煤气和转炉煤气，其中 1#锅炉和 2#锅炉的效率为 87.69%；3#锅炉的效率为 88.67%，锅炉操作范围及折旧费如表 5.17 所示，锅炉的主要参数如表 5.18 所示。锅炉煤气消耗量通过 5.2.2 节中的 ARMA-ARCH 时间序列方法进行了预测，得到锅炉即时的每个周期高炉煤气和转炉煤气消耗量，具体如表 5.19 所示。本模型的建立是以随机选取的连续 9 个操作周期，每 4 个小时为一个周期的自备电厂煤气系统优化调度问题，以此来代表各个时段煤气系统的情况，得到优化调度结果，从而来考察分析所建立的煤气系统优化调度模型。锅炉消耗高炉煤气和转炉煤气在的范围如表 5.20 所示，高炉煤气和转炉煤气的热值如表 5.21 所示，各种能源的单位费用计算中如表 5.22 所示。

表 5.17　锅炉操作范围，维护费和启停费

锅炉	蒸发量		折旧费/（元/h）
	上限/（t/h）	下限/（t/h）	
1 号	65	130	220
2 号	65	130	220
3 号	150	220	280

表 5.18 锅炉的主要参数

锅炉	参数	额定蒸发量	蒸汽压力	蒸汽温度	给水温度	热风温度	排烟温度
	单位	t/h	MPa	°C	°C	°C	°C
1#	数值	130	9.8	540	215	280	152
2#	数值	130	9.8	540	215	280	152
3#	数值	220	9.8	540	158	280	168.5

表 5.19 各周期锅炉煤气消耗量

周期	高炉煤气/（km³/h）	转炉煤气/（km³/h）	总煤气流量/（tce/h）
1	264.11	55.12	49.60
2	240.60	63.42	48.93
3	250.66	72.53	52.81
4	238.68	72.15	51.16
5	252.94	60.76	49.76
6	253.56	45.33	45.46
7	264.09	37.29	44.54
8	229.70	57.35	45.81
9	245.66	55.45	47.32

表 5.20 锅炉消耗煤气的流量范围　　　　单位：m³/h

	锅炉 1	锅炉 2	锅炉 3
高炉煤气最大流量	110 000	110 000	180 000
高炉煤气最大流量	0	0	0
转炉煤气最大流量	70 000	70 000	120 000
转炉煤气最大流量	0	0	0

表 5.21 煤气热值

	热值/（MJ/m³）
高炉煤气	3.2
转炉煤气	7.5

表 5.22　能源单价

	高炉煤气	转炉煤气	煤
单位	元/t	元/t	元/t
单价	0.087	0.33	500

1. 锅炉最佳负荷模型

根据企业自备电厂三台锅炉的燃料消耗量和实际负荷调研数据，结合 4.2.3 节的锅炉经济负荷模型，可以得到三台锅炉的负荷特性方程及单台锅炉单位产气量所消耗的煤气量，根据单台锅炉单位产气量所消耗煤气量的数学特征得到锅炉运行的最佳负荷，相应地计算出各台锅炉在最佳运行负荷时所对应的煤气消耗量如式（5-16）～（5-21）所示。

1#锅炉：

$$Q = 0.698\,7D^2 + 6.034\,2D + 5\,974.9 \tag{5-16}$$

$$q = 0.698\,7D + 6.034\,2 + \frac{5\,974.9}{D} \tag{5-17}$$

最佳负荷点（93 t/h，12 507.81 kgce/h），且单位产汽量所消耗煤气量为 135.26 kgce/t。

2#锅炉：

$$Q = -0.78D^2 + 263.99D - 5362.6 \tag{5-18}$$

$$q = -0.78D + 263.99 - \frac{5362.6}{D} \tag{5-19}$$

最佳负荷点（89 t/h，11 163.9 kgce/h），且单位产汽量所消耗煤气量为 134.64 kgce/t。

3#锅炉：

$$Q = -0.314\,3D^2 + 233.49D - 12\,405 \tag{5-20}$$

$$q = -0.314\,3D + 233.49 - \frac{12\,405}{D} \tag{5-21}$$

最佳负荷点（202 t/h，21 576.81 kgce/h），且单位产汽量所消耗煤气量为 108.61 kgce/t。

2. 环境成本估算

针对钢铁企业 B 自备电厂的实际生产状况，环境成本主要是煤气燃烧后产生污染物排放的处罚费用。此企业高炉煤气和转炉煤气各自主要组成成分的体积含量如表 5.23 所示。

表 5.23　高炉煤气、转炉煤气的主要组成成分　　　　单位：%

煤气种类	煤气组成				
	甲烷 （CH_4）	氢气 （H_2）	一氧化碳 （CO）	二氧化碳 （CO_2）	氮气 （N_2）
高炉煤气	1	2	27	15	55
转炉煤气	—	1	66	20	13

由表 5.23 可以看出，这两种煤气均含有的污染物 CO 和 CO_2，其中所含 N_2 在高温燃烧氧化或者所含碳氢化合物高温分解后再进一步与氧气作用都会产生 NO_x。因此，在锅炉消耗高炉煤气和转炉煤气的过程中产生的污染物主要为 NO_x 和 CO_2，则产生的环境成本为

$$C_e = C_{e,bur} = \sum_{t=1}^{p}\left[23 \times \frac{0.43 \times F_{bur,t}^{BFG} + 0.86 \times F_{bur,t}^{LDG}}{22.4 \times 10^6} \times 44 + 8000 \times \frac{0.55 \times F_{bur,t}^{BFG} + 0.13 \times F_{bur,t}^{LDG}}{22.4 \times 10^6} \times 38\right]$$

（5-22）

式中　$F_{bur,t}^{BFG}$，$F_{bur,t}^{LDG}$——高炉煤气、转炉煤气燃烧的体积量，L。

3. 优化结果分析

通过 IPSO 算法对所建模型进行求解，在求解过程中具体模型参数选择如表 5.24 所示。求解后得自备电厂煤气系统燃料、负荷优化调度结果如表 5.25 所示，各台锅炉负荷、燃料优化前后结果如图 5.15 所示，其中 3 台锅炉的负荷、燃料优化前后对比情况分别如图 5.16 ~ 5.18 所示，各台锅炉负荷优化前后结果对比如图 5.19 所示，各台锅炉煤气消耗量优化前后结果对比如图 5.20 所示，各周期环境成本优化前后费用对比如图 5.21 所示，各周期优化前后总费用对比如图 5.22 所示，各周期环境成本和总运行成本费用

如表 5.26 所示，模型的目标函数是包括燃料费用、锅炉维护费用、锅炉启停费用和环境成本，得到的费用对比结果如表 5.27 所示。

表 5.24 IPSO 算法的参数选择

参数	数值
粒子数	40
迭代次数	2 000
ω_s	0.9
ω_e	0.4
C_{1s}	2.75
C_{2s}	1.25
C_{1e}	0.5
C_{2e}	2.25

表 5.25 基于 IPSO 算法的优化调度结果

周期	1 号锅炉				2 号锅炉				3 号锅炉			
	蒸发量/（t/h）		燃煤气量/（tce/h）		蒸发量/（t/h）		燃煤气量/（tce/h）		蒸发量/（t/h）		燃煤气量/（tce/h）	
	优化前	优化后	优化前	优化后	优化前	优化后	优化前	优化后	优化前	优化后	优化前	优化后
1	113	96	15.22	12.88	114	93	14.43	12.65	185	204	19.95	24.57
2	117	100	16.06	13.92	118	90	16.22	12.21	160	206	16.65	23.8
3	125	100	18.41	14.45	117	93	14.98	13.19	174	201	19.42	23.22
4	123	97	17.8	13.14	115	91	14.96	12.55	173	203	18.4	24.46
5	101	93	14.22	12.86	119	90	17.65	12.29	170	208	17.89	23.91
6	84	98	12.82	13.62	79	92	12.09	12.6	186	203	20.55	23.54
7	96	102	13.55	14.82	65	0	7.84	0	201	202	23.15	23.36
8	81	97	12.38	13.21	73	89	11.63	11.49	192	200	21.8	23.21
9	79	98	11.82	13.66	71	90	11.5	12.17	222	206	24	23.61

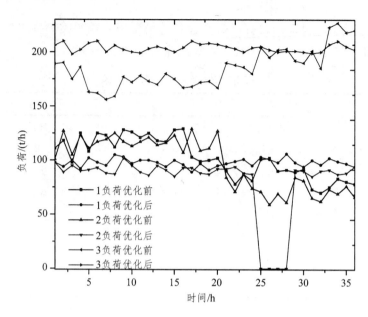

图 5.15　各台锅炉负荷优化前后结果

　　图 5.15 给出随机选取一段时间内各台锅炉负荷优化前后结果对比情况,为了清晰地描述优化调度后的结果,以下均以连续 9 个操作周期,每 4 h 为一个周期进行研究并表示各优化调度结果。

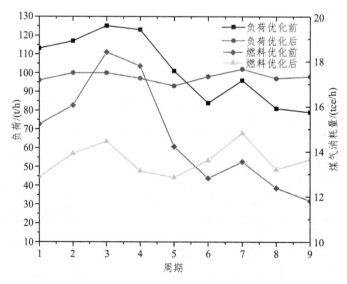

图 5.16　1#锅炉负荷、煤气消耗量优化前后对比图

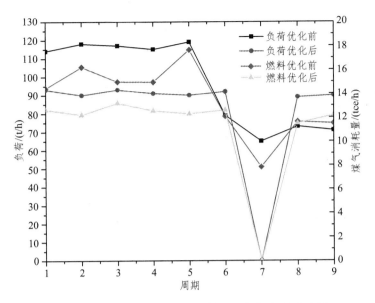

图 5.17　2#锅炉负荷、煤气消耗量优化前后对比图

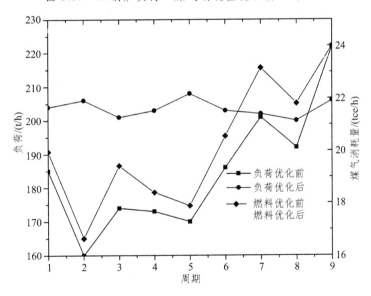

图 5.18　3#锅炉负荷、煤气消耗量优化前后对比图

结合图 5.15 ~ 5.17 及表 5.25 可以看出，三台锅炉的共同特点是优化后的负荷和煤气消耗量总体趋势相对比较平稳，锅炉负荷的波动基本都控制在 5%范围内，且锅炉负荷基本都在最佳负荷附近运行；而优化前锅炉的负

荷和煤气消耗量波动频繁，且波动幅度甚至大于 10%，直接影响锅炉本身燃烧过程的稳定性和经济性，且影响程度会随着波动幅度的增大而增大。由图 5.17 可看出，优化后 2 号锅炉的负荷及煤气消耗量在第 7 个周期明显出现拐点，说明模型优化调度结果是对第 7 个周期的连续 4 个小时采取停炉操作。结合优化前第 7 个周期前后负荷、煤气消耗量变化趋势看到，锅炉在第 5 个周期基本是满负荷运行，到第 6 个周期骤然降低，直至第 7 个周期锅炉运行在锅炉限制的最低负荷，锅炉的运行效率必然会很低，在实际生产中，应该尽量避免这种调度方式。

如图 5.19 和 5.20 所示，锅炉负荷和煤气消耗量的变化趋势基本是一致的。由前面模型计算得到 1、2、3#锅炉的最佳负荷点分别为 93 t/h，89 t/h，202 t/h。优化前 1#锅炉的负荷和煤气消耗量从第 3 个周期就基本呈下降趋势，9 个周期内基本远离最佳负荷区域运行，工作效率低；2#锅炉从第 5 个周期后呈下降趋势，锅炉远离最佳负荷区域运行，在第 7 个周期出现拐点，说明优化后第 7 个周期的连续 4 个小时 2 号锅炉处于停炉状态；与 1#和 2#锅炉相比，3#锅炉在整个周期内运行相对稳定，效率最高。优化后三台锅炉基本都在最佳负荷区域运行，波动幅度相对平缓。

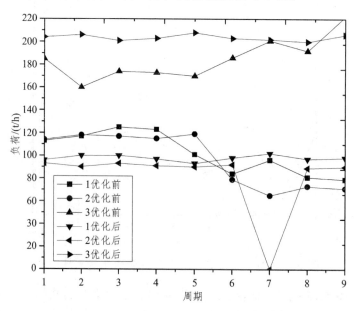

图 5.19　三台锅炉负荷优化调度结果

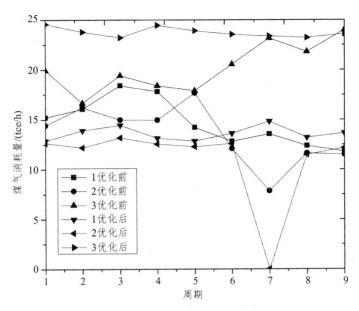

图 5.20 各台锅炉煤气消耗量优化结果

表 5.26 各运行周期费用

周期	环境成本/元		总运行成本/万元	
	优化前	优化后	优化前	优化后
1	622	469	15.62	15.17
2	602	467	15.36	15.13
3	653	495	17.00	15.32
4	634	491	16.63	15.22
5	628	453	16.18	14.91
6	538	455	13.97	15.01
7	519	429	13.26	12.29
8	590	453	14.28	14.44
9	594	454	15.24	14.99
合计	5 380	4 166	137.54	132.48

由表 5.26 可看出，优化后各周期的总环境成本减少了 1 214 元，总运行成本降低了 5.06 万元。

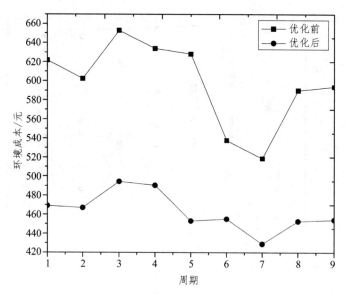

图 5.21　各运行周期环境成本优化前后对比

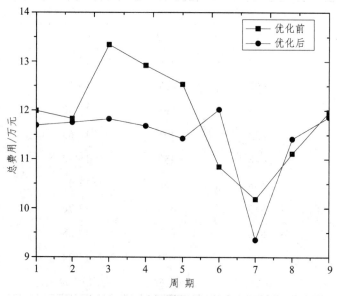

图 5.22　各运行周期总费用优化前后对比

表 5.27　总费用对比

单位：元

项目	优化前	优化后
燃料费	1 061 966	1 015 610
设备维护费	0	880
锅炉启停费	0	9 680
环境成本	5 389	4 166
总运行成本	1 067 346	1 030 336

由图 5.21 可以看出各个周期内环境成本优化前后的结果。通过对表 5-27 的优化结果计算可知，锅炉燃料费用占整个周期运行成本的 99%，因此，锅炉燃料量使用的多少直接影响着各个周期的环境成本及总运行费用。

由表 5.25 可知，优化前、后，第 3 个周期锅炉煤气消耗量最大，第 7 个周期锅炉煤气消耗量最少。因此，第 3 个周期的燃料燃烧后环境成本最大，说明三台锅炉使用燃料量最多；第 7 个周期燃料燃烧后环境成本最少，说明三台锅炉使用燃料量最少。图 5.21 中环境成本在各周期的变化趋势与优化前、后的结果相一致。

由图 5.22 可以看出优化前后各个周期内总运行成本的对比结果，其中，第 7 个周期的总运行成本最低，优化后第 7 个周期连续 4 小时的停运虽然增加了锅炉维护费用和锅炉开启费用，但是燃料的减少使得总运行成本降低。同时，从图中可以看出优化后各个周期的运行成本比较平稳，也能说明优化调度后的结果提高了生产稳定，提高了经济效益。

基于上面各项结果分析，通过运用 IPSO 算法对所建立的自备电厂煤气系统优化调度模型进行求解，得到了全周期内的最优运行结果，通过优化结果计算可知：

（1）把环境成本考虑到自备电厂煤气系统优化调度总运行成本中，虽然增加了生产成本，但是总成本有所下降。从优化结果估算可知，按照每年锅炉运行 7 000 h 计算，所产生的环境成本约为 81 万元，由于本企业自备电厂锅炉燃料为纯煤气，并且对点火使用的少量重油燃烧后污染物的环境成本予以忽略，因此，环境成本考虑了锅炉燃烧煤气后产生的 CO_2 和少量的 NO_x。在实际生产中，对于掺烧煤气燃煤锅炉，在计算环境成本时还要考虑到外购燃料油、煤所本身及燃烧后带来的环境污染，尤其是燃料油中含有在所有的污染物中环境成本是最高的 SO_2 和 NO_x，所以，综合考虑将环境成本作为企业成本核算是不可忽略的。

（2）全周期内锅炉使用燃料的费用为 1 061 966 元，约占整个煤气系统全周期运行费用的 99%，总运行成本为 1 030 336 元，比实际运行情况减少了约 37 010 元，使总成本降低了约 3.6%。由此可见，锅炉燃烧状态的好坏直接影响煤气系统的经济运行。

（3）通过优化调度后，企业在消耗原有煤气量的基础上，通过对锅炉负荷的合理调度，可多产蒸汽 11 t/h，以企业一年实际生产 7 000 h 计算，可多产蒸汽 77 000 t，则节能约 9 086.56 tce/年。

5.3　本章小结

以钢铁企业 A 为应用企业，建立了自备电厂机组配置优化模型，通过 LINGO 软件对所建模型求解。以钢铁企业 B 为应用企业，根据实际调研数据分别建立了高炉煤气和转炉煤气供入量时间序列预测模型，进一步在预测模型基础上建立了多周期 MINLP 煤气系统优化调度模型，通过 IPSO 对所建调度模型求解计算可知：

（1）结合钢铁企业 A 富余煤气量的统计特性，针对企业 A 的生产现状及优化模型的特点，得到用 94.8% C_{max}（最大富余煤气量）配置机组最优，机组优化配置方案为 1 套 300 MW 的 CCPP 发电机组及 3 套 300 MW 的掺烧煤气燃煤锅炉-蒸汽轮机发电机组，基本实现了煤气零放散；优化后的电力能值降低了 0.08 kgce/kW·h，按年工作时间 7 000 小时计算，节约标煤 23.63 万吨/年。

（2）所建立的 ARIMA(1, 1, 2)高炉煤气供入量预测模型，平均绝对百分误差 $MAPE$ 为 2.11，平均误差率为 2.05%；ARIMA(3, 2, 1)-ARCH(1)为转炉煤气供入量预测模型，平均绝对百分误差 $MAPE$ 为 2.61，平均误差率为 2.43%，预测精度较高，可用于实际生产，为自备电厂煤气系统优化调度奠定了基础。

（3）通过锅炉最佳负荷模型的数学特征计算得到 1#锅炉的最佳负荷点为（93 t/h，12 507.81 kgce/h），且单位产汽量所消耗煤气量为 135.26 kgce/t；2#锅炉的最佳负荷点（89 t/h，11163.9 kgce/h），且单位产汽量所消耗煤气量为 134.64 kgce/t；3#锅炉的最佳负荷点（202 t/h，21 576.81 kgce/h），且单位产汽量所消耗煤气量为 108.61 kgce/t。通过优化调度后，企业在消耗原有煤气量的基础上，通过对锅炉负荷的合理调度，可多产蒸汽 11 t/h，以企业一年实际生产 7 000 h 计算，可节能约 9 086.56 tce/年。

参考文献

[1] 张琦, 蔡九菊, 杜涛等. 钢铁企业煤气平衡问题的探讨[J]. 节能, 2004, 269（2）: 9-11.

[2] Sawada T, Kawa T. Improvement in coke energy recovery efficiency at blast furnace process [J]. Kawasaki Steel Giho, 1986, 18 (2) : 18-25.

[3] 程鹏, 潘宇林. 钢铁厂高炉煤气回收利用的途径[J]. 冶金动力, 1997（3）: 57-61.

[4] Abe S, Minematsu T. Instrumentation and control system at energy enter [J]. Kawasaki Steel Giho, 1986, 18(2): 71-78.

[5] 中国冶金设备配件网. 2010 年重点钢铁企业能耗述评[EB/OL]. http: //www. Cmepc.com/html/zhongdianguanzhu/201103/11-44574.html.

[6] Yoo Y. H.. Modeling and simulation of energy distribution systems in a petroc-hemical plant [J]. Korean J. Chem. Eng. , 1996, 13(4): 384-392.

[7] 《中国钢铁工业五十年》编辑委员会. 中国钢铁工业五十年[M]. 北京: 冶金工业出版社, 1999.

[8] 李桂田. 中日钢铁工业节能历程的比较[J]. 冶金能源, 1998, 17（1）: 3-10.

[9] K. Nagahiro, T. Okazaki, M. Nishino. Activities and technologies for environmental protection at Nippon Steel: a perspective[J]. lronmaking and Steelmaking, 2005, 32(3): 227-234.

[10] 张琦. 钢铁联合企业煤气资源合理利用及优化分配研究[D]. 沈阳: 东北大学, 2008.

[11] 吴洪亮, 刘坤. 钢铁企业煤气高效利用技术的探讨[J]. 煤气与热力, 2007, 27（4）: 35-37.

[12] Y. Sakamoto, Y. Tonooka, Y. Yanagisawa. Estimation of energy consumption for each process in the Japanese steel industry: a process analysis[J]. Energy Conversion & Management, 1999, 40: 1129-1140.

[13] Mikael Larsson, Jan Dahl J, et al. System gains from widening the system boundaries: analysis of the material and energy balance during renovation of a coke oven battery [J]. International Journal of Energy Research, 2004, 28: 1051-1064.

[14] 王建军. 钢铁企业物质流，能量流及其相互作用研究与应用[D]. 沈阳：东北大学，2008.

[15] 任建兴，章德龙，周伟国，等. 低热值高炉煤气在发电设备中的应用[J]. 上海电力学院学报，2001，17（2）：1-4.

[16] 王华峰，郭明洲，白红彬. 高炉煤气锅炉的设计[J]. 煤气与热力，2008，28（1）：A01-A02.

[17] 杨华峰. 实现高炉煤气零放散的措施[J]. 煤气与热力，2012，32（3）：A39-A42.

[18] 杨铁，陈刚. 煤粉和高炉煤气混烧锅炉燃烧问题的分析及改造[J]. 电站系统工程，2003，19（2）：36-38.

[19] 刘定平. 低热值高炉煤气与煤粉混烧技术的探讨[J]. 热科学与技术，2003，2（1）：74-77.

[20] 沈一平，顾顺波. 220t/h 煤粉锅炉掺烧高炉煤气技术的开发和应用[J]. 冶金能源，1999（5）：44-47.

[21] 江文德. 钢铁企业能源动态平衡和优化调度问题研究和系统设计[D]. 杭州：浙江大学，2006.

[22] 李冰. 钢铁行业自备热电厂规划建设方案简析[J]. 中国钢铁业，2011（5）：21-23.

[23] 热冰娣. 钢铁厂煤气系统分析及富余煤气再资源化研究[D]. 沈阳：东北大学，2005.

[24] 李文兵，纪扬，李华德. 钢铁企业煤气产出和消耗动态模型[J]. 冶金自动化，2008，32（3）：28-33.

[25] 刘海宁，陆明春. 浅谈钢铁公司自备电厂燃气-蒸汽联合循环发电技术（CCPP）[J]. 天津冶金，2007（5）：56-60.

[26] 杨晓，张玲. 钢铁工业能源消耗二次能源利用途径及对策[J]. 钢铁，2000，35（20）：64-67.

[27] 陈道海. 马钢公司副产煤气回收利用效果及改进方向的研究[D]. 南京：南京理工大学，2004.

[28] Hirata K. , Sakamoto H.. Multi-site utility integration-an industrial case study[J]. Computers and Chemical Engineering, 2004, 28(1-2): 139- 148.

[29] 祝平. 对自备电厂管理的若干问题探讨[J]. 中国能源, 2006(1): 15-17.

[30] 李玲玲. 钢铁企业煤气消耗预测模型及其应用研究[D]. 长沙：中南大学，2006.

[31] 严铭卿，廉乐明，焦文玲，等. 燃气负荷及其预测模型[J]. 煤气与热力，2003，23（5）: 259-262.

[32] Cheung K. Y. , Hui C. W. , Sakamoto H. , Short-term site-wide maintenance sch-eduling[J]. Computers & Chemical Engineering. 2004, 28(1): 91-102.

[33] 王永生，王杰，李泽慧. 基于优化遗传小波网络的混沌时间序列预测[J]. 计算机应用，2008，28（9）: 2363-2366.

[34] 张晓平，汤振兴，赵珺，等. 钢铁企业高炉煤气发生量的在线预测建模[J]. 信息与控制，2010，39（6）: 774-782.

[35] Strouvalis A. M. , Heckl I.. An accelerated branch-and-branch algorithm for assignment problems of utility systems[J]. Computers and Chemical Engineering, 2002, 26 (4-5) : 617-630.

[36] Yokoyama R., Matsumoto K.. Optimal sizing of a gas turbine cogeneration plant in consideration of its operational strategy[J]. Journal of Engineering for Gas Turbines Power, 1994, 116 (1) : 32-38

[37] Cheung K. Y., Hui C. W.. Total-site scheduling for better energy utilization[J]. Journal of Cleaner Production, 2004, 12 (2) : 171-184.

[38] Grish Bhave, Enhancing the effectiveness of the utility energy supply chain in intefrated steel manufacturing[D]. USA: West Virginia University, 2003.

[39] 孙祝岭. 概率统计[M]. 上海：上海交通大学出版社，2003.

[40] 于润伟. MATLAB 基础及应用[M]. 北京：机械工业出版社，2003.

[41] Sulaiman-Al-Tuwaijr, Theodore KEHughes. The relations among environmental disclosure, environmental performance and economic performance: a simultaneous equations approach[J]. Accounting Organizations and Society, 2004, 29: 447-471.

[42] 魏学好，周浩. 中国火力发电行业减排污染物的环境价值标准估算[J]. 环境科学研究，2003，16（1）: 53-56.

[43] Craig Deegan. Environmental disclosure and share price: a discussion about efforts to study this relationship[J]. Accounting Forum, 2004 (28) : 87-97.

[44] Nobuyuki Sato, Tsutomu Okubo. Economic evaluation of sewage treatment processes in India [J]. Journal of Environmental Management, 2007, 84 (4) : 447-456.

[45] Peter A., Jana D.. The willingness to pay to remove billboards and improve scenic amenities[J]. Journal of Environmental Management, 2007, 85 (4) : 1094-1100.

[46] 谢金星. 优化建模与 LINDO/LINGO 软件[M]. 北京：清华大学出版社，2005.

[47] 钢铁企业燃气设计参考资料编写组. 钢铁企业燃气设计参考资料[M]，北京：冶金工业出版社，1978.

[48] 氧气转炉烟气净化及回收设计参考资料编写组. 氧气转炉烟气净化及回收设计参考资料[M]. 北京：冶金出版社，1975.

[49] Ives A, Abbott K C，Ziebarth N L. Analysis of ecological time series with ARMA(p, q)model[J]. Ecology, 2010, 91(3): 858-871.

[50] 杨叔子，吴雅. 时间序列分析的工程应用[M]. 武汉：华中理工大学出版社，1994.

[51] Zhao S T, Pan L L, Li B S. Fault diagnosis and trend forecast of transformer based on acoustic recognition[C]. The third International Conference on Electric Utility Deregulation and Restructuring and Power Technologies, 2008: 1371-1374.

[52] 张晓峒. EViews 使用指南与案例[M]. 北京：机械工业出版社，2007.

[53] Mohammadi K, Eslami H R, Kahawita R. Parameter estimation of an ARMA model for river flow forecasting using goal programming [J]. Journal of Hydrology, 2006, 331 (1-2) : 293-299.

[54] 张树京，齐立心. 时间序列分析简明教程[M]. 北京：北京交通大学出版社，2003.

[55] 何书元. 应用时间序列分析[M]. 北京：北京大学出版社，2003.

[56] Shiqing Ling. Self-weighted and local quasi-maximum likelihood estimators for ARMA-GARCH/IGARCH models[J]. Journal of Econometrics, 2007 (140) : 849-873.

[57] 李筠，祝勇. 数据处理的 Bata 分布拟合法[J]. 仪器仪表学报，2004，25（4）：762-763.

[58] 蔡杰进，马晓茜，廖艳芬. 锅炉运行性能与烟气含氧量优化研究[J]. 热力发电，2006（7）：28-30.

[59] 杨兴成，王占义. 锅炉负荷变化对运行效率的影响及控制[J]. 应用能源技术，2001（2）：21-22.

[60] 刘家志. 锅炉负荷变化对运行效率的影响及控制[J]. 科技论坛，34.

[61] 李俊涛，冯霄. 供热机组的热电负荷分配[J]. 西安交通大学学报，2006，40（3）：311-314.

[62] 殷瑞钰，张春霞. 钢铁企业功能拓展是实现循环经济的有效途径[J]. 钢铁，2005，40（7）：1-8.

[63] 刘家明，许立冬. 清华大学燃气锅炉房负荷分配策略[J]. 清华大学学报：自然科学版，2003，43（12）：1657-1660.

[64] 何大鹏，彭岚，李友荣. 分时段运行工业锅炉房负荷的最优分配[J]. 重庆大学学报：自然科学版，2006，2（29）：57-59.

[65] Kennedy J, Eberhart R C. Particle swarm optimization[J]. Proc. IEEE International Conference on Neural Networks, IV. Piscataway, NJ: IEEE Service Center, 1995: 1942-1948.

[66] Shi Y, Eberhart R. A modified particle swarm optimizer[C]. Evolutionary Computation Proceedings, 1998. IEEE World Congress on Computational Intelligence, 1998: 69-73.

[67] Shi Y, Eberhart R. Empirical. C. Study of particle swarm optimization[C]. Pro-ceedings of the Congress on Evolutionary Computation. Piscataway: IEEE Service Center, 1999: 1945-1950.

[68] Suganthan P N. Particle swarm optimizer with neighborhood operator[C]. IEEE Service Center. Proc. IEEE Int. Congr. Evolutionary Computation. Washington D C: IEEE Press, 1999: 1958-1962.

[69] Ratnaweera A, Halgamuge S. Self-organizing hierarchical particle swarm optimizer with time-varying acceleration coefficients[J]. Evolutionary Computation, 2004, 8 (3) : 240-255.